基于导电高分子气体传感器研究

李思琦 著

化学工业出版社

·北京·

内容简介

《基于导电高分子气体传感器研究》主要聚焦聚苯胺（PANI）复合敏感材料的室温柔性 NH_3 传感器的构建，融合当前室温柔性传感器的研究现状和发展趋势，从新型敏感材料设计/制备/优化、材料结构和器件性能研究以及敏感机理探讨等方面系统介绍。利用水热和原位化学氧化聚合法分别制备了疏松多孔结构的 SnO_2@PANI、花状 WO_3@PANI 和空心球状 WO_3@PANI 以及贵金属 Au 修饰介孔 In_2O_3 纳米球@PANI 纳米复合敏感材料，构筑基于聚对苯二甲酸乙二酯（PET）的平面型室温 NH_3 传感器，并研究其气敏性能。设计了基于氧化石墨烯（GO）复合红毛丹状 PANI 空心球敏感材料的平面型室温 NH_3 传感器，与单一 PANI 传感器相比，NH_3 敏感特性得到显著提升。

《基于导电高分子气体传感器研究》可供从事相关研究的科技人员参考，也可作为高等院校化学、材料类及相应专业师生的参考资料。

图书在版编目（CIP）数据

基于导电高分子气体传感器研究/李思琦著．—北京：化学工业出版社，2022.12
ISBN 978-7-122-42649-9

Ⅰ.①基⋯ Ⅱ.①李⋯ Ⅲ.①化学传感器-研究 Ⅳ.①TP212.2

中国版本图书馆 CIP 数据核字（2022）第 254654 号

责任编辑：李 琰　　　　　　　　装帧设计：韩 飞
责任校对：李 爽

出版发行：化学工业出版社（北京市东城区青年湖南街 13 号　邮政编码 100011）
印　　装：北京天宇星印刷厂
787mm×1092mm　1/16　印张 10½　字数 205 千字　2023 年 4 月北京第 1 版第 1 次印刷

购书咨询：010-64518888　　　　　售后服务：010-64518899
网　　址：http://www.cip.com.cn
凡购买本书，如有缺损质量问题，本社销售中心负责调换。

定　价：88.00 元　　　　　　　　　　　　　　　　　　　　版权所有　违者必究

前言

气体传感器是获取气体成分和浓度信息的重要手段,在军事/反恐/工业/家庭安全、环境监测、医学诊疗、物联网和人工智能等领域具有重要应用。本书主要从气体传感器概述、气体传感材料研究进展、基于导电高分子材料在气体传感器中的应用几方面进行介绍。

本书主要聚焦聚苯胺(PANI)复合敏感材料的室温柔性 NH_3 传感器的构建,融合当前室温柔性传感器的研究现状和发展趋势,从新型敏感材料设计/制备/优化、材料结构和器件性能研究以及敏感机理探讨等方面系统介绍。利用水热和原位化学氧化聚合法分别制备了疏松多孔结构的 SnO_2@PANI、花状 WO_3@PANI 和空心球状 WO_3@PANI 以及贵金属 Au 修饰介孔 In_2O_3 纳米球@PANI 纳米复合敏感材料,构筑基于聚对苯二甲酸乙二酯(PET)的平面型室温 NH_3 传感器,并研究其气敏性能。设计了基于氧化石墨烯(GO)复合红毛丹状 PANI 空心球敏感材料的平面型室温 NH_3 传感器,与单一 PANI 传感器相比,NH_3 敏感特性得到显著提升。具体内容如下:

(1)通过水热和原位化学氧化聚合法成功制备了基于 SnO_2@PANI 纳米复合敏感材料的气体传感器,并研究了其在室温下对 NH_3 的气敏特性。首先,水热法制备 SnO_2 纳米材料,从 SEM 和 TEM 图像可以看出,SnO_2 纳米材料由小的纳米颗粒堆积而成,具有疏松多孔结构和良好的通透性。通过原位聚合法制备 SnO_2@PANI 纳米复合敏感材料,构筑 PET 基平面型室温 NH_3 传感器。结果表明,基于 20% SnO_2@PANI(PASn20[1])敏感材料的传感器气敏性能最好,在室温下对 100ppm[2] NH_3 的响应值($R_g/R_a=31.8$)是单一 PANI 传感器的 10.3 倍,该传感器具有 10ppb[3] 的超低检测下限。传感性能的改善归因于材料的多孔结构、大比表面积以及 SnO_2 和 PANI 之间形成的 p-n 异

---

[1] 全书中如无特殊说明均为摩尔分数。
[2] 1ppm=1mg/L。
[3] 1ppb=1μg/L。

质结。

(2) 为了研究结构和形貌对敏感材料气敏性能的影响，制备了基于花状 WO_3@PANI 敏感材料和空心球状 WO_3@PANI 敏感材料的气体传感器。通过水热法分别合成了分等级结构的花状 WO_3 和空心球状 WO_3，SEM 和 TEM 结果表明，花状 WO_3 由厚度约为 50nm 的纳米片有序组装而成、空心球状 WO_3 由纳米颗粒有序组装而成，并且两种材料都具有良好的分散性。通过原位聚合法制备基于花状 WO_3@PANI 敏感材料和空心球状 WO_3@PANI 敏感材料的 NH_3 传感器。花状 WO_3@PANI 传感器的气敏性能研究表明：以 10% 花状 WO_3@PANI（PAW10）为敏感材料的传感器在室温下性能最好，对 100ppm NH_3 的灵敏度为 20.1，最低检测限为 500ppb。以空心球状 WO_3@PANI 为敏感材料的传感器的气敏性能表明，以 10% 空心球状 WO_3@PANI（PAWHs10）为敏感材料的传感器具有最优异的气敏特性，在室温下对 100ppm NH_3 的灵敏度为 25，检测下限为 500ppb。与 PANI 传感器相比，制备的两种基于 WO_3@PANI 敏感材料的传感器的性能都有大的提升，主要归因于 WO_3 的花状结构和空心球状结构，以及 WO_3 和 PANI 之间形成的 p-n 异质结。

(3) 构筑了一种基于 Au-介孔 In_2O_3 纳米球@PANI 核-壳纳米复合敏感材料的室温 NH_3 传感器。首先，合成介孔 In_2O_3 纳米球，然后用 Au 对其进行修饰，最后原位聚合 PANI，同时以 PET 为衬底构筑 NH_3 传感器。分别研究了介孔 In_2O_3 纳米球添加量和 Au 担载量对传感器气敏性能的影响。研究结果表明 1%（质量分数）Au-20%（摩尔分数）介孔 In_2O_3 纳米球@PANI 核-壳敏感材料（PAIn20A1）气敏性能最优异，在室温下对 100ppm NH_3 的响应值最高（约为 46），比基于单一 PANI 和基于 10% 介孔 In_2O_3 纳米球@PANI 核-壳敏感材料（PAIn10）的传感器的响应值分别高 14 倍和 4 倍，还具有优异的选择性和低检测下限。传感器的弯曲测试结果展示，经过 20、40、60、80、100 次弯曲释放，灵敏度没有明显改变。气敏性能的增强归功于 PANI 和介孔 In_2O_3 纳米球之间形成的 p-n 结和 Au 的催化作用的共同效应。

(4) 设计和制备了基于红毛丹状 PANI 空心纳米球（PANIHs）和基于氧化石墨烯（GO）-PANIHs 敏感材料的室温高性能 NH_3 传感器。SEM 和 TEM 图像展示了制备的红毛丹状 PANIHs 的直径约为 400~500nm，空心球的直径和表面生长的纳米棒阵列的长度约为 250nm 和 100nm。制备的传感器的气体传感性能表明，基于 0.5%（质量分数）GO-红毛丹状 PAN-IHs（GPA0.5）复合敏感材料在室温下对 NH_3 具有最好的气敏特性，对 100ppm NH_3 的响应值为 31.8，同时展示了优异的选择性和低的检测下限

(50ppb)。PANI 的红毛丹状空心纳米球结构具有更多的气体吸附位点，以及 GO 的协同效用是气敏特性增强的主要原因。

笔者
2022 年 8 月

目录

第1章　绪论 ... 1

　1.1　气体传感器概述 ... 5
　1.2　气体传感器的分类及工作原理（评价方法） ... 6
　1.3　气体传感器的器件结构及制备 ... 14
　1.4　气体传感器的气敏性能测试及评价方法 ... 16

第2章　气体传感材料研究进展 ... 19

　2.1　基于金属氧化物半导体的气体传感器 ... 21
　　2.1.1　金属氧化物半导体简介 ... 21
　　2.1.2　金属氧化物半导体气敏材料研究进展 ... 22
　　2.1.3　影响金属氧化物半导体气敏性能的关键要素及改进方向 ... 22
　2.2　基于导电高分子的气体传感器 ... 25
　　2.2.1　基于聚苯胺的气体传感器 ... 28
　　2.2.2　基于聚吡咯的气体传感器 ... 40
　　2.2.3　基于聚噻吩的气体传感器 ... 43

第3章　基于聚苯胺复合二氧化锡敏感材料的室温 NH_3 传感器 ... 47

　3.1　引言 ... 49
　3.2　敏感材料的制备 ... 50
　3.3　敏感材料的表征及分析 ... 51
　3.4　气敏性能测试结果与讨论 ... 57

3.5 气体敏感机理讨论 ………………………………………… 61
3.6 本章小结 …………………………………………………… 63

第4章　基于聚苯胺复合三氧化钨敏感材料的室温 NH_3 传感器　65

4.1 引言 ………………………………………………………… 67
4.2 基于花状 WO_3@PANI 敏感材料的室温
　　 NH_3 传感器 ……………………………………………… 67
　　4.2.1 敏感材料的制备 ……………………………………… 67
　　4.2.2 敏感材料的表征及分析 ……………………………… 68
　　4.2.3 气敏性能测试结果与讨论 …………………………… 73
　　4.2.4 气体敏感机理讨论 …………………………………… 77
4.3 基于空心球状 WO_3@PANI 敏感材料的室温
　　 NH_3 传感器 ……………………………………………… 80
　　4.3.1 敏感材料的制备 ……………………………………… 80
　　4.3.2 敏感材料的表征及分析 ……………………………… 82
　　4.3.3 气敏性能测试结果与讨论 …………………………… 88
　　4.3.4 气体敏感机理讨论 …………………………………… 92
4.4 本章小结 …………………………………………………… 93

第5章　基于聚苯胺复合 Au-介孔氧化铟敏感材料的室温 NH_3 传感器　95

5.1 引言 ………………………………………………………… 97
5.2 敏感材料的制备 …………………………………………… 97
5.3 敏感材料的表征及分析 …………………………………… 99
5.4 气敏性能测试结果与讨论 ………………………………… 104
5.5 气体敏感机理讨论 ………………………………………… 109
5.6 本章小结 …………………………………………………… 110

第6章　基于红毛丹状聚苯胺空心球复合氧化石墨烯敏感材料的室温 NH_3 传感器　113

6.1 引言 ………………………………………………………… 115
6.2 敏感材料的制备 …………………………………………… 116

6.3 敏感材料的表征及分析 …………………………………… 117
6.4 气敏性能测试结果与讨论 ………………………………… 122
6.5 气体敏感机理讨论 ………………………………………… 126
6.6 本章小结 …………………………………………………… 127

第 7 章　总结与展望　129

参考文献　134

第 1 章

绪　　论

引 献

世界经济论坛（WEF）于 2021 年 11 月发布了《2021 十大新兴技术》，该报告指出：创新能够帮助攻克社会挑战，尤其是可以解决气候变化问题。现如今随着工业化进程的不断深化，环境污染问题日益突出，大气污染物会导致呼吸系统疾病、心脑血管疾病等，严重危害人类的身心健康。因此，对大气中的污染物进行实时监测具有重要意义。另外，室内空气污染，包括甲醛、苯、挥发性有机化合物（Volatile Organic Compounds，VOCs）等对人体健康的危害日益受到重视。甲醛主要来源于新家具中使用的黏合剂，是一种潜在的致癌物质；苯系物主要来自装修中使用的黏合剂、乳胶漆和使用的有机溶剂，少量吸入苯系物会引起头晕、头痛、恶心等症状，大量吸入会导致呼吸系统疾病和心脏疾病；VOCs 主要来自建筑材料和室内装饰材料中的涂料、黏合剂、壁纸等，会导致呼吸系统、消化系统、内分泌系统相关疾病，还有可能导致血液疾病。此外，CO、CH_4 等的泄漏可能存在引发窒息、爆炸等危险。因此，对室内污染气体的检测对身体健康和财产安全至关重要。除了室内外环境污染气体检测以外，通过呼出气成分检测对人体疾病进行无损智能检测是 21 世纪研究的热点内容之一。事实上，20 世纪 70 年代，美国化学家 Linus Pauling（1954 年获得诺贝尔化学奖）就用气相色谱仪（Gas Chromatography，GC）检测到人类呼出气体中的 200 多种挥发性有机化合物，并进行了人体呼出气体成分与身体疾病之间关系的研究。牛津学术（Oxford Academic）的《Human Breathomics Database》收录了大量相关研究工作，进一步表明了某些呼出气体标志物与疾病的关联，相关研究均有临床数据支撑。2017 年，中国、美国、法国等 5 国科学家联合研究了来自多个国家临床中心的 813 名患者和 591 名健康人的呼出气体成分，该研究证明可以通过呼出气体检测对多达 17 种疾病（包括肺癌、胃癌、结直肠癌、肾癌等在内的多种癌症）

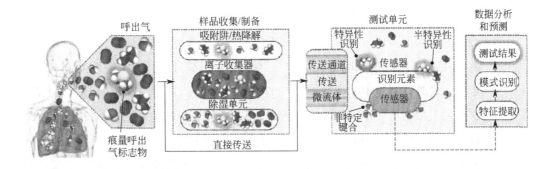

图 1.1　人体呼出气体疾病标志物检测示意图

进行快速诊断。Hossam Haick 综合分析了基于纳米材料的气体传感器对人体的疾病相关呼出气体标志物的检测（图 1.1），绘制了具有临床意义的不同疾病标志性呼出气体中 VOCs 的浓度地图。2021 年，美国卫生与公共服务部（HHS）提供 3800 万美元将 NASA 开发的"电子鼻"多目的化，用于检测新冠病毒。因此通过人体呼出气标志物浓度的检测，实现对疾病的无创预诊断和实时监测具有重要的意义。

基于以上背景，气体检测技术得到了广泛研究和快速发展，气体浓度和成分检测的方法众多，包括气相色谱、质谱、光谱、离子迁移谱等为主的仪器分析方法，这些检测方法具有精度高、检测下限低等优点，但是价格昂贵、体积大、分析时间较长、不能实时监测，难以满足微型化、便携化、实时化等需求。因此，具有微型化、集成化、智能化和互联化的气体传感器在大气污染防治、工业生产、智能家居、健康监测与诊疗、食品安全检测等领域崭露头角，主要包括：面向大气环境质量监测的气体传感器；面向室内空气污染物痕量 VOCs 测量的气体传感器；面向疾病呼吸分析诊断的气体传感器。

（1）研究思路

气体传感器在工业生产、食品安全、建筑施工、农业畜牧业等领域有重要的作用和地位，而且随着科技的发展，对低功耗、可穿戴的气体传感器的要求日益提升，因此研制高性能、低成本、安全、低功耗、柔性易于集成的气体传感器势在必行。基于导电高分子的气体传感器不仅具有可以室温检测的优势，而且易于装配到各种高分子柔性衬底上，PANI 因其易于合成、成本低、性能好等优势引起了广泛的关注和研究。经过研究者的不断努力，发现 PANI 对 NH_3 有独特的敏感特性，其结构和形貌对气敏性能有极大的影响，PANI 具有大的比表面积和长径比，易于形成网络结构，因而受到重点关注。为了提高基于 PANI 传感器的气敏性能，将 p 型 PANI 与 n 型氧化物半导体复合，在界面处形成 p-n 结，是一种有效的策略。基于氧化物半导体的气体传感器已经被广泛研究，研究发现材料形貌和 Au 担载对材料的气敏性能有显著的影响。此外，基于 PANI 敏感材料的研究表明 PANI 与氧化石墨烯复合能提高材料的气敏性能。本书围绕着制备 PANI 复合不同结构和形貌的氧化物半导体、PANI 复合 Au 担载氧化物半导体和 PANI 复合氧化石墨烯半导体几个方面开展研究工作，开发了几种基于 PANI 基复合敏感材料、可以室温检测 NH_3 的高性能柔性气体传感器，并讨论了气敏机理，为研究高性能柔性室温气体传感器提出新思路。

(2) 研究内容

本书主要包括以下几个部分：

第 1 章 简述了气体传感器的背景和意义，气体传感器的分类、工作原理、评价方法。还介绍了气体传感器的器件结构及气敏性能测试方法。

第 2 章 分别从金属氧化物半导体基气体传感器和导电高分子基气体传感器两个方面介绍了气体传感器的研究进展。金属氧化物半导体基气体传感器着重介绍了金属氧化物半导体及其气敏性能增强三要素：识别功能、转换功能以及敏感体的利用率。导电高分子基气体传感器重点讲解了导电高分子用于气体传感器的机理，分别从聚苯胺、聚吡咯、聚噻吩三种较常见导电高分子进一步介绍基于导电高分子的气体传感器的研究进展。

第 3 章 介绍了气体传感材料的研究进展，设计和制备了基于 SnO_2@PANI 复合敏感材料的具有极低检测下限的 NH_3 传感器，重点研究了 SnO_2 添加量对传感器敏感性能的影响。

第 4 章 制备了基于花状 WO_3@PANI 复合敏感材料和空心球状 WO_3@PANI 复合敏感材料的气体传感器。从材料的结构和形貌角度出发，分析了形貌对气敏特性的影响。

第 5 章 构筑了基于 Au-介孔 In_2O_3@PANI 复合敏感材料的室温 NH_3 传感器。研究了介孔 In_2O_3 对传感器敏感性能的影响和 Au 进一步修饰对传感器性能的影响，分析了相关敏感机理。

第 6 章 设计和制备了新型的基于 GO-红毛丹状 PANIHs 复合敏感材料的高性能室温 NH_3 传感器，研究了材料形貌和氧化石墨烯对气敏性能的影响。

第 7 章 总结及展望。

1.1 气体传感器概述

国家标准 GB/T 7665—2005 对传感器的定义是："能感受被测量并按照一定的规律转换成可用输出信号的器件或装置，通常由敏感元件和转换元件组成"。气体传感器是指用于探测在一定区域范围内是否存在特定气体和/或能连续测量气体成分浓度的传感器，主要工作原理是：传感材料与气体相互作用，将气体的浓度信号转变为可输出的电信号等，从而监控气体浓度。传感器由敏感材料和转换器组成，其中敏感材料是决定其气敏特性的核心部件。

人们对气体传感器的初步认识可以追溯到 19 世纪，早期矿井工作中，瓦斯爆炸、工人窒息等事故不断发生，严重威胁工人的生命安全。起初，人们根据金丝雀对矿井内气体反应程度来判定作业环境是否安全，因此，金丝雀就作为一种天然的"生物类气体传感器"加以利用；后来，英国化学家 Sir Humphry Davy 在 1815 年发明煤矿安全灯，为矿业安全作出巨大贡献；1926 年，Oliver Johnson 首次研发出了气体传感器模型，经过不断的尝试和改良，终于在 1969 年开发出了可以检测爆炸性气体的气体传感器；1968 年，日本费加罗公司生产的第一个氧化物半导体气体传感器 TGS（Taguchi Gas Sensor）用于检测燃气泄漏，投放市场后因其优异的性能畅销海内外。至今，随着电子信息的发展，对气体传感器的研发提出更高的要求，向低能耗、低成本、可穿戴等领域发展。

1.2 气体传感器的分类及工作原理（评价方法）

目前，存在各种各样的基于不同材料和传感原理的气体传感器。气体传感器的分类方法多种多样，如 1991 年由 IUPAC 的分析化学部门提出的根据转换机制不同，分为以下六类（图 1.2）：电导（电阻）气体传感器、电化学

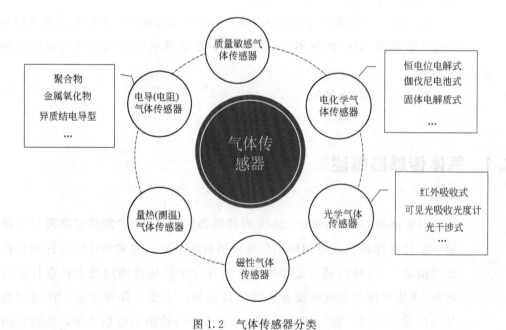

图 1.2 气体传感器分类

气体传感器、质量敏感气体传感器、磁性气体传感器、光学气体传感器、量热（测温）气体传感器。

(1) 电导（电阻）气体传感器

电导（电阻）气体传感器是目标气体与传感材料表面相互作用的一种传感器，具有简单的结构，也是目前应用最为广泛的气体传感器。电阻型氧化物半导体气敏元件按照敏感材料与测试气体的相互作用面可分为表面控制型和体控制型两类；按照器件结构不同，电阻型氧化物半导体气体传感器又可以分为烧结型、厚膜型和薄膜型三类，如图1.3所示。

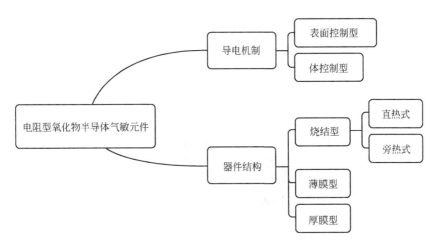

图1.3 电阻型氧化物半导体气敏元件的分类

工作原理：敏感材料与化学物质相互作用，气体在敏感层的表面发生物理或化学反应（吸附、化学反应、扩散、催化、溶胀），从而改变传感材料电阻率，将气体浓度转变为可测量的电流信号，图1.4(a)展示了一种使用电导金属氧化物气体传感器检测气体分子的基本步骤的示意图，表面和体反应导致整体直流（DC）或交流（AC）电导的变化，主要包含以下部分：①掺杂或未掺杂的表面，②主体，③三相界面或接触面，④颗粒边界。用具有不同电阻/电容（RC）单元的等效电路描述了频率特性，每个单元对应于特有的电荷载流子传输。电传感器包括：电导传感器（聚合物、金属、金属氧化物半导体传感器）；异质结电导传感器（肖特基二极管、MOS-FET）、电容型传感器。对于氧化物半导体气体传感器来说，其敏感机理通常涉及表面吸附氧机理。以 n 型氧化物半导体为例，在空气中时，由于吸附氧的存在，半导体呈现高阻态，当敏感材料与还原性气体接触时，气体与材料表面吸附氧发

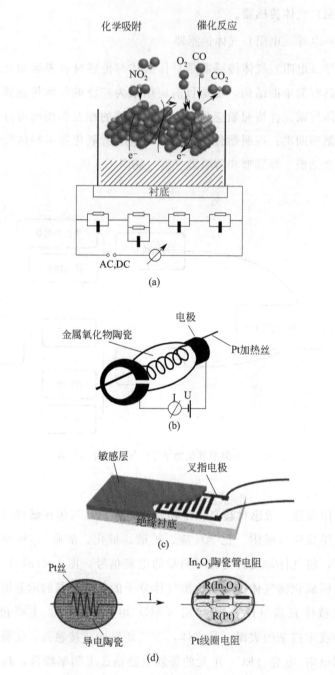

图 1.4 （a）使用电导金属氧化物气体传感器检测
气体分子的基本步骤的示意图；（b）Figaro 型
包含加热丝的陶瓷管式气体传感器；（c）平面式薄膜气体传感器；
（d）单电极气体传感器

生氧化还原反应，释放电子到敏感材料，此时敏感材料电阻降低；当敏感材料与氧化性气体接触时，氧化性气体夺取吸附氧和敏感材料的电子，从而使敏感材料电阻增加。p 型氧化物半导体的传感过程与 n 型氧化物半导相反。

对于敏感材料来说，电导率的变化在很大程度上取决于气敏元件的物理性质及其形态（晶粒尺寸、孔隙率、厚度等），因此在开发电导传感材料时应充分考虑气敏元件的物理性质及其形态。图 1.4(b)～图 1.4(d) 显示了电导传感器的几种典型结构：图 1.4(b)、图 1.4(c) 和图 1.4(d) 分别为陶瓷管式、平面式和单电极气体传感器。电导式气体传感器由两个元件组成，敏感导电层和电极。通常金属氧化物气体传感器装置还包括加热丝，用于加热至工作所需的温度。然而，高的工作温度需要更多的功耗，这在实际应用中，特别是手持和便携式气体传感器，都是极其不利的。为了解决这个问题，在过去数年中已经开展了一些工作来开发功耗更低的气体传感器，如室温气体传感器。

（2）电化学气体传感器

电化学气体传感器是基于化学识别过程对电活性物质进行检测，并利用

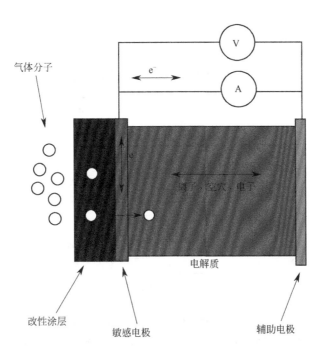

图 1.5　电化学气体传感器工作示意图

从固体或液体电解质的电荷转移到电极的传感器，如电流、电位、固体电解质、离子电极、浓差电池式传感器。电化学气体传感器是将活性气体跨三电极浸入电解质中，通常是盐溶液，以便在工作电极和反电极之间有效传导离子（图1.5）。待测气体在工作电极表面被氧化或被还原，改变了电极相对于参比电极的电位，进而改变工作电极和反电极之间的电流，所测量的电流与待测气体的浓度成正比。电化学传感器的敏感层可以用液体电解质、聚合物和固体电解质。

（3）质量敏感气体传感器

以石英晶体微量天平传感器（QCM）和表面声波传感器（SAW）为例，质量敏感气体传感器主要是借助化学成分相互作用时传感器表面的干扰和变化进行的，质量敏感器件将经过特殊修饰的表面的质量变化转变为基体材料

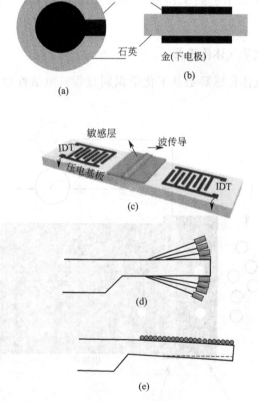

图1.6 质量敏感气体传感器示意图

(a), (b) 石英晶体微量天平传感器（QCM）器件；(c) 表面声波传感器（SAW）装置；
(d) 微悬臂梁动态模式：传感器层中分析物分子的吸收导致共振频率的变化；
(e) 微悬臂梁静态模式：由于分析物分子的吸附和悬臂表面应力的变化导致悬臂弯曲

的某些性质的变化。质量变化是由气体与敏感材料层（例如聚合物）相互作用时的积累引起的。质量敏感气体传感器的灵敏度和选择性取决于传感器表面的活性敏感层，图1.6为几种常见的质量敏感气体传感器。

（4）磁性气体传感器

磁性气体传感器是基于待检测气体顺磁性性质变化的气体传感器，主要以氧气磁性传感器为主。研究发现，与其他气体相比，氧气具有较高的磁化率，并表现出顺磁性。磁性气体传感器结构通常为一个圆柱形容器，内部有一个由铂丝悬挂的玻璃哑铃，哑铃内部装有惰性气体，导线具有不均匀磁场。由于哑铃悬挂在金属丝上，因此可以自由移动。当氧气进入容器时，由于其高磁化率，会被吸引到更高的磁场，这导致哑铃旋转。用精密光学系统通过光源、光电二极管和放大器电路测量旋转的角度。然后，使用一个相反的电路将哑铃恢复到其初始的位置，这个相反电路所用的电流与氧分压成正比，因此可将氧气的含量转化为电信号。

（5）光学气体传感器

光学气体传感器是一种利用待分析物质与检测物质的相互作用引起光学现象变化来检测气体浓度的传感器，其效能取决于待测气体的物化性质

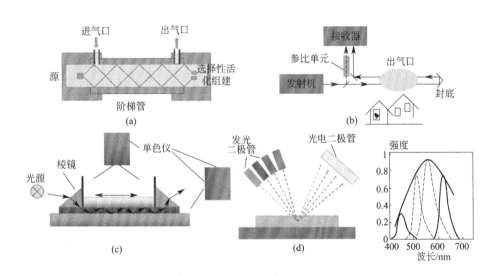

图1.7 光学气体传感器操作原理示意图

(a) 便携式甲烷气体分析仪中使用的传感器单元中的源/探测器布局配置；
(b) 使用后向反射器进行远程大气监测的实验装置；(c) 用于测量波导配置中的拉曼和布里渊散射、吸光度和发光的实验装置——激光通过棱镜耦合注入波导中；
(d) 使用二极管发射不同波长的光进行光谱分离

及其与敏感化学物质相互作用的类型。通常来讲，光学气体传感器是检测传感器与化学物质接触时引起可见光或其他电磁波的变化的传感器。光学气体传感器的操作原理示意图如图 1.7 所示。装置中通过光纤来实现传感器的应用，如图 1.8 所示。通常，光学传感器装置包括光源、波长选择器、用于识别并与目标气体相互作用的识别元件、将识别转换为可检测信号的换能器元件、检测并转换传感器的光学性质变化的检测单元。

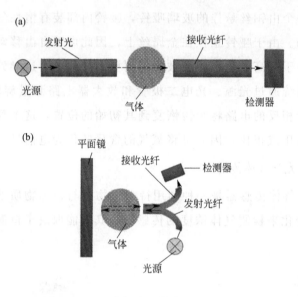

图 1.8　外部光纤传感器的变型

(6) 量热（测温）气体传感器

将化学反应产生的温度变化转换成电信号，例如电阻、电流和电压的变化，催化传感器就是这种量热传感器。图 1.9 展示了这种量热传感器的结构示意图，首先，给线圈通电流来加热催化剂层，在存在可燃气体或蒸汽的情

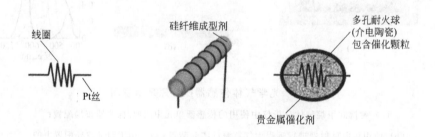

图 1.9　量热传感器的结构示意图

况下,被加热的催化剂与气体发生化学反应,类似于燃烧反应,催化反应释放热量,这导致催化剂的温度与其下面的颗粒和衬底的温度升高。温度的升高导致线圈的电阻变化,将气体浓度的信号转化为可输出的电阻信号。催化传感器通常稳定、精确、使用寿命长,而且数据呈现线性关系。

需要指出的是,气体传感器的分类方法多种多样。根据检测原理,气体传感器可分为以下三种:①基于气体化学性质的传感器;②基于气体物理性质的传感器;③基于气体吸附的传感器。根据气体传感器设计,可以分为:便携式气体传感设备和固定式气体探测器。

对气体传感器来说,灵敏度、选择性、响应-恢复时间、长期稳定性是考量其气敏特性的主要评价标准,如何提高这些性能也是气体传感领域的研究目标。本书主要介绍基于导电高分子及其复合材料的电导式气体传感器。下面,以电导式气体传感器为例介绍传感器气敏特性的主要评价参数。

(1) 灵敏度 (Response)

灵敏度是衡量传感器气敏特性的主要参数。灵敏度定义为气体传感器在空气气氛中的电阻 (R_a) 与其在测试气体中的电阻 (R_g) 的比值,表示为 $S=(R_g-R_a)/R_a(R_g>R_a)$ 或 $S=(R_a-R_g)/R_a(R_a>R_g)$。

(2) 最佳工作温度 (Optimal Operating Temperature)

气体传感器的工作温度是影响气体在敏感材料表面反应的重要因素,在不同的工作温度下传感器对待测气体的响应值是不同的。通常在工作温度较低时,敏感材料表面的吸附氧与待测气体反应的活化能较低,造成响应值低,当工作温度过高时,气体分子在敏感材料表面脱附速度过快,造成低的敏感体利用率,传感器对待测气体的响应值也会低。一般来说,随着工作温度的升高,气体传感器的响应值会出现先增大后减小的变化趋势,当传感器对待测气体的响应值取最大值时,此时的工作温度称为最佳工作温度。传感器的功耗与工作温度密切相关,工作温度越高,功耗就越大。

(3) 响应-恢复时间 (Response-Recovery Time)

响应-恢复时间反映了气体传感器的响应和恢复速率,是评价传感器性能的重要指标。响应时间通常定义为传感器从初始状态(空气中)到稳定状态(待测气体中)的电阻值变化或灵敏度变化90%所需要的时间;恢复时间为传感器重新置于空气中恢复到下一个稳定状态(空气中)的电阻值变化或灵敏度变化90%所需要的时间。

(4) 选择性 (Selectivity)

选择性是评价气体传感器的另一个重要指标，是对目标气体的选择性检测而排除其他气体的干扰，表示为 S_o/S_i，S_o 为对目标气体的灵敏度，S_i 为对其他气体的灵敏度。在实际应用中，利用传感器能实现对目标气体选择性识别，所以传感器应具有较高的选择性 (S_o/S_i)。

(5) 长期稳定性 (Stability)

长期稳定性是评价传感器可靠性的一个重要参数。稳定性是指传感器在工作温度下，零点和灵敏度随时间的变化，是考察气体传感器的使用寿命的关键参数。气敏元件经过一段时间的测试后，其响应值并不是一成不变的，受环境温度、湿度以及其他因素的影响，气敏元件的响应值以及响应-恢复时间产生波动，传感器的响应值变化的幅度越小，说明该器件的长期稳定性越好。与长期稳定性对应的是短期稳定性，短期稳定性是指气体传感器对同浓度的目标气体经过多次重复循环测试后响应值的变化程度。短期稳定性和长期稳定性是气体传感器的重复性以及受环境因素影响的参数，稳定性越好，器件的寿命就越长。提高传感器的稳定性是降低维护成本、获得可靠数据的关键。

(6) 检测限 (Detection Limit)

检测限是指气体传感器能检测到目标气体的最低浓度值。气敏元件的检测下限越低，就能够检测越低浓度的气体。对于一些易燃易爆、有毒、有害的气体来说，具有更低检测下限的传感器对于实际检测具有十分重要的意义。在煤矿以及工厂等一些特殊的工作环境，能够检测更低量级的气体传感器非常有应用价值，目前已经报道的大多数气体传感器已经能够达到 ppm (10^{-6}) 量级以及 ppb (10^{-9}) 量级，甚至一些气体传感器已经达到了 ppt (10^{-12}) 量级。检测限是气体传感器的一个重要参数，开发超低检测限的气体传感器对于传感器的研究以及商品化来说具有深远的意义。

1.3 气体传感器的器件结构及制备

气体传感器根据制造的技术及器件结构主要包括烧结型、薄膜型和厚膜型气敏元件。

(1) 烧结型气敏元件

烧结型气敏元件是研究最早、制备工艺最为成熟、应用最广泛的气敏元件，根据加热方式的不同，可以分为直热式和旁热式两种。

直热式气敏元件主要由氧化物半导体敏感材料、加热丝和测量丝组成（图1.10）。加热丝和测量丝是置于敏感材料内部的，通过加热丝通电加热，测量丝用来测量元件的电阻，这种元件制作工艺简单、成本低、功耗低，但是由于加热丝与敏感材料直接接触，元件容易受到周围环境气流的影响，并且元件的加热回路和测量回路之间容易相互影响导致器件的一致性较差。

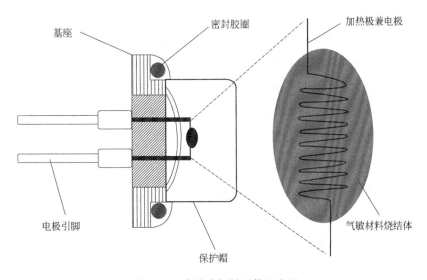

图1.10　直热式气敏元件示意图

旁热式气敏元件由敏感材料、陶瓷管、陶瓷管上的测试电极和加热丝四

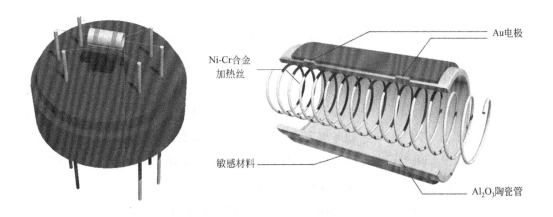

图1.11　旁热式气敏元件示意图

部分组成。如图 1.11 所示,测试电极一般为 Au 电极,氧化物半导体敏感材料涂覆在陶瓷管上并且覆盖住两个电极,在 Au 电极上连有两根 Pt 丝作为引脚,一般以 Ni-Cr 合金作为加热丝,穿入氧化铝陶瓷管内部,最后将电极的引脚和加热丝按照如图 1.11 所示的方式焊接在六脚管座上,经过老化就可以得到旁热式气敏元件。与直热式元件相比,旁热式元件的敏感材料和加热部分能够有效隔离,从而避免了测量回路和加热回路之间的相互干扰,器件的稳定性有了明显的提高,是目前商品化的主要类型。

(2) 厚膜型气敏元件

厚膜型气敏元件一般采用旋涂、蒸发、溅射或者丝网印刷等方法将材料均匀地涂覆在陶瓷基片上。厚膜型元件的陶瓷基片的正反面分别是叉指电极和加热器,敏感材料输出的电信号用叉指电极来采集,元件的温度由加热器控制。这种元件由于涂覆在陶瓷基片上的敏感材料比较均匀,元件的一致性好,适合大批量生产,但是其缺点是功耗较大。

(3) 薄膜型气敏元件

上述两种类型的气体传感器存在着功耗高、尺寸大、与半导体工艺兼容性差等不足。因此,薄膜型气体传感器主要是通过结合薄膜制备技术(CVD、磁控溅射)和 MEMS 工艺所制备的,这种器件制作的方法比较简单,稳定性好,但是掺杂改性困难。

1.4 气体传感器的气敏性能测试及评价方法

气体传感器的气敏性能测试方法主要分为动态测试法和静态测试法。

静态测试法:将传感器件连接到 Fluke 信号测试仪上以实时检测其电阻值。首先,将传感器件放入 1L 装有空气的测试瓶中,待电阻值达到相对稳定的状态,此时的电阻记为 R_a;然后,在另一个 1L 的测试瓶中配制所需浓度的待测气体,将传感器件快速转移到待测气体瓶中,当电阻达到相对稳定的状态(约 5min),此时电阻记为 R_g;最后,将传感器件重新放回空气气瓶中恢复。由测试仪(如 Fluke 8846a)实时测量并输出数据,在计算机上记录保存,图 1.12 展示了测试装置示意图。

动态测试法:动态测试法主要包含中央控制系统、配气系统、测试电路、信号采集系统。将气体传感器放置到测试腔中,在中央控制系统输入气体流量、温度,采集传感器的电信号,通过 A/D 转换实现数据的实时

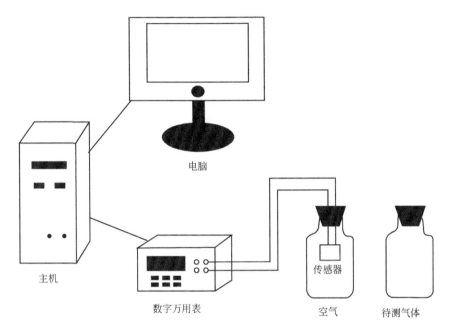

图 1.12 气敏性能测试装置示意图

显示、处理和保存。

动态测试法与静态测试法主要的区别是配气方法的不同，动态测试法使用自动配气系统。自动配气系统可以对气体的流量进行精密控制，根据需要配制不同组分浓度的气体，并且连续可调。动态测试法使用方便，且能有效避免环境、操作等因素带来的影响，具有更高的可靠性。

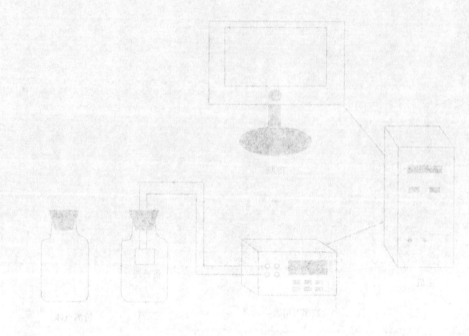

第 2 章

气体传感材料研究进展

研究结果表明，无论材料的物化性质、结构或电性能如何，理论上所有材料都能用于气体传感器。基于共价半导体、金属氧化物半导体、固体电解质、聚合物、有机半导体的气体传感器已经被报道（表2.1）。

表 2.1 典型气体传感材料

材料	示例	检测气体
共价半导体	GaAs、Si、GaN、SiC、InP	NO_2、CO、NO、H_2
金属氧化物半导体	In_2O_3、WO_3、SnO_2、Co_3O_4	CO、H_2、CH_4、NO_x、VOCs
固体电解质	$K_2Fe_4O_7$、$DyFeO_3$、$PrFeO_3$、$GdFeO_3$、$ErFeO_3$、$SmCrO_3$、$Ce_{0.8}Gd_{0.2}O_{1.95}$	NO、NO_2
碳材料	碳纳米管、石墨烯	乙醇、NO_2、NH_3
聚合物	聚吡咯、聚噻吩、聚苯胺、酞菁	NO_x、H_2O、NH_3、三乙胺

2.1 基于金属氧化物半导体的气体传感器

2.1.1 金属氧化物半导体简介

金属氧化物半导体气体传感器利用氧化物半导体在待测气体中的电阻变化来检测气体浓度。金属氧化物材料种类繁多，具有特殊物化特性及高温稳定性和时间稳定性，适用于恶劣环境中气体的检测，使其成为非常适合使用的材料。在化学传感器中，金属氧化物半导体气体传感器是目前研究最为广泛的一类气体传感器。

金属氧化物传感器还具有器件结构简单、制造成本低、适用于多种还原或氧化气体的检测等优点。此外，金属氧化物可以通过沉积技术成膜制备微电子器件，提供了在芯片上制造传感器阵列的可能性，为微电子器件的低成本、大规模生产奠定基础。然而，金属氧化物传感器的选择性低，难以区分几种气体混合物中的目标气体。这个问题可以通过以下方法解决：①使用传感器元件的热循环，由于不同的气体的反应速率与传感器温度有关，因此以循环方式改变温度可能会提高特定气体的选择性；②在传感器中加入催化活性过滤器能提高传感器的选择性，这些过滤器只允许目标气体通过，其他干扰气体被阻隔在外；③使用额外的表面催化剂和促进剂是提高金属氧化物传感器选择性最常见的方法。

2.1.2 金属氧化物半导体气敏材料研究进展

金属氧化物半导体气体传感器的研究最早可追溯到 1962 年，日本九州大学的 Seiyama 教授等人研究发现在不同的还原性气氛中 ZnO 薄膜的电阻会降低，基于这点，通过测量器件在待测气体中电阻的变化，可以检测气体浓度的变化，这是氧化物半导体气体传感器发展的雏形。在此之后，氧化物半导体气体传感器如雨后春笋般发展起来。氧化物半导体敏感材料从最初的 ZnO 和 SnO_2 等，发展到更多种类，例如 n 型的 $\alpha\text{-}Fe_2O_3$、In_2O_3、TiO_2、WO_3 等，以及 p 型的 NiO、CuO、Co_3O_4、Cr_2O_3 等，此外，氧化物半导体气敏材料已经扩展到多元的复合金属氧化物半导体材料尖晶石结构材料（AB_2O_4）和钙钛矿结构材料（ABO_3）等，例如：$ZnFe_2O_4$、Zn_2SnO_4、$CuFe_2O_4$、$CdFe_2O_4$、$ZnSnO_3$、$LaFeO_3$ 等材料。

2.1.3 影响金属氧化物半导体气敏性能的关键要素及改进方向

著名的气体传感器专家 N. Yamazoe 教授等人对气体传感器的敏感机理做了系统的研究，提出了影响气体传感器性能的三个关键要素：识别功能、转换功能以及敏感体的利用率，如图 2.1 所示。

识别功能就是氧化物半导体敏感材料表面对检测的目标气体的识别能力，即通过敏感材料与目标气体在材料表面相互作用从而引起输出化学信号的变化，实现对气体的识别。敏感材料的识别功能依赖于材料的表面性质，与材料的比表面积、催化能力、表面吸附特性以及材料表面的酸碱性等因素密切相关。转换功能是指将敏感材料表面发生反应的检测目标气体的浓度信号转换为电信号的能力。敏感材料的转换功能一般与材料的界面性质有关，包括材料的晶粒尺寸、载流子的迁移率以及结晶度等因素。材料敏感体的利用率是指敏感材料与目标气体发生反应使输出电信号发生改变，主要为参与反应的敏感材料占据整个敏感体的比例。金属氧化物半导体敏感材料敏感体的利用率，属于敏感体的体性质，通常与材料的多孔性、通透性、微观结构、孔尺寸以及测试气体在材料内部的扩散能力等因素有关。

为了提高氧化物半导体敏感材料的识别功能、转换功能以及材料敏感体的利用率，目前主要从材料的形貌控制、材料的改性（包括掺杂、复合、表面修饰等）以及新材料的开发等几个方面提高敏感材料的综合特性。

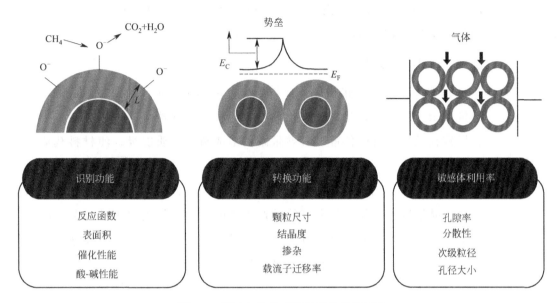

图 2.1　影响气体传感器性能的关键要素

(1) 气体敏感材料的形貌控制

气体敏感材料的形貌调控主要包括材料晶粒尺寸的控制、孔结构的调控、中空结构以及分等级结构的制备等。为了提高氧化物半导体敏感材料的敏感特性，减小敏感材料的颗粒尺寸是一个重要的途径。1911 年，C. Xu 等人研究发现，当一次粒子的直径小于或等于德拜长度 ($\lambda_D = \sqrt{\dfrac{\varepsilon k T}{q^2 n_c}}$，式中 ε 是介电常数，k 为玻尔兹曼常数，T 为绝对温度，q 为载流子电荷量，n_c 为载流子的浓度) 时，随着材料晶粒尺寸的减小，材料对测试气体的响应显著增大。敏感材料的颗粒尺寸减小至纳米尺度，比表面积会相对增大，材料表面活性位点增多，有利于气体的吸附，使材料的识别功能以及敏感体的利用率提高，从而导致响应的提高。然而实际应用中，晶粒尺寸较小的敏感材料容易发生团聚，造成比表面积下降，影响目标气体的传输，大大降低了材料敏感体的利用率。为了避免这种情况，目前主要采用构筑多孔、中空以及分等级结构来提高氧化物半导体敏感材料的气敏特性。多孔、中空以及分等级结构与纳米尺度的敏感材料相比，同样具有较大的比表面积，但是材料不易发生团聚，并且多孔和中空结构有利于气体快速而有效扩散，为气体与材料的表面反应提供更多的反应活性位点。据文献报道，分等级结构不仅集成了基本构成单元的优点，还有较大的比表面积，并且具有良好的多孔性和通透性，有利于气体的传输、扩散、吸附和识别，能够提高敏感材料的识别功能、转换功能以及敏感体的利用率，进而达到提高材料响应的目的。大量的实验数据表明，构筑分等级结构是提高敏感材料气敏特性的一种有效的途径。

(2) 材料的改性

① 原子掺杂：氧化物半导体敏感材料的原子掺杂改性包括同价掺杂和异价掺杂。原子掺杂是提高氧化物半导体材料气敏性能的常用方法。掺杂会导致在敏感材料的价带或者导带附近形成新的杂质能级，使材料载流子的浓度发生改变，对敏感材料的吸附氧以及气敏特性产生影响。掺杂会对半导体材料的表观形貌、晶粒的尺寸、催化特性、电化学性质以及晶粒间距离、晶型以及晶粒间势垒等特性产生影响。掺杂的机制比较复杂，影响因素也很多，对于通过改性方法提高材料的气敏特性，目前大部分科研工作主要集中在氧化物半导体-氧化物半导体的复合以及贵金属表面修饰的研究上。

② 氧化物半导体-氧化物半导体的复合：两种不同的氧化物半导体接触，会在二者接触的界面处形成异质结构。根据半导体材料的导电类型的不同，异质结构可以分为同型异质结构（n-n结和p-p结）和异型异质结构（p-n结），构筑异质结构也是提高氧化物半导体敏感材料气敏性能的一种有效方法。两种氧化物半导体复合形成异质结构，由于功函数的不同，导带中的电子会从功函数小（费米能级高）的材料向功函数大的材料的导带转移，材料表面的势垒高度发生变化，形成了相对较宽的电子耗尽层和电荷积累层，使敏感材料对测试气体具有更高的响应。目前有关氧化物半导体-氧化物半导体复合的异质结构材料的研究已经有报道，并且取得了许多有意义的成果。

③ 贵金属表面修饰：对氧化物半导体敏感材料进行贵金属表面修饰是提高材料气敏特性的一种行之有效的方法。贵金属因为自身具有优异的催化特性，可以降低敏感材料在表面反应中所需的活化能，促进敏感材料与待测气体之间的反应，常用于氧化物半导体敏感材料的增感。目前用于修饰氧化物半导体敏感材料的贵金属包括：Au、Ag、Pt、Pd等。大量的文献报道表明经贵金属表面修饰后，材料对测试气体的响应以及响应-恢复时间都有显著的提高和改善。并且当贵金属的颗粒尺寸控制在10nm及以下时，贵金属会表现出极高的催化特性，如果贵金属的尺寸过大或者发生团聚，其催化特性会大大降低，因此制备合适尺寸的贵金属颗粒对氧化物半导体敏感材料进行表面修饰能够获得高性能的敏感材料。

2.2 基于导电高分子的气体传感器

20 世纪 70 年代，日本化学家白川英树（H. Shirakawa）、美国化学家艾伦·黑格尔（A. J. Heeger）和艾伦·麦克迪尔米德（A. J. MacDiarmid）等合作研究发现碘掺杂或 AsF_5 掺杂的聚乙炔具有导电性，聚合物这一性质的发现促进了高分子导电理论的建立和发展。导电高分子材料的研究受到广泛的关注，而他们也因发现和发展导电高分子在 2000 年获得诺贝尔化学奖。导电高分子也称导电聚合物，既具有聚合物的特征，又具有导电体的性质。图 2.2 展示了一些常见的导电高分子材料的重复单元结构。

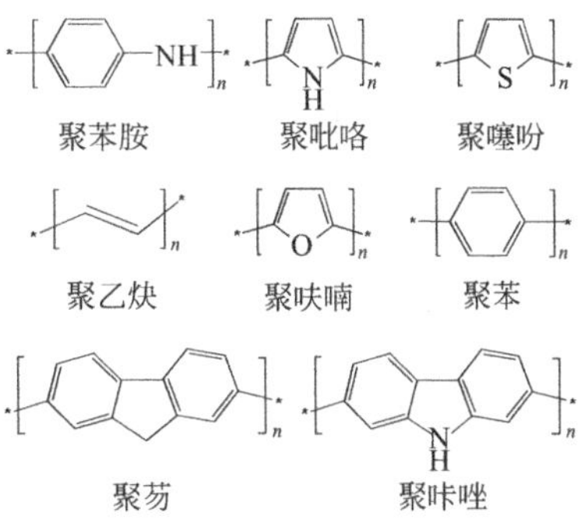

图 2.2　几种常见共轭导电聚合物的重复单元结构

根据材料的组成和导电机制，导电高分子主要可以分为三类：①复合型导电高分子，将金属粉末或碳材料粉末等导电材料添加到高分子材料中，而分散的导电粒子提供导电路径，这类材料的导电性与导电的添加剂的量有关，高分子本身可以不具备导电性；②超导型导电高分子，在一定条件下，电阻突然变为零，通电流的情况下无热能损耗，超导高分子的特点是超导状态下无电阻，只有温度低于临界温度才会转变为超导状态，内部磁场为零，磁场对超导体影响大，当磁场强度超过临界值，无超导性质；③结构型导电高分子，具有共轭 π 结构的高分子经过化学或电化学掺杂后具有导电性，因而也称为本征导电高分子，这种共轭高分子的碳以 sp^2 形式存在，导致每个碳原子都有一个未配对的 p 电子，且在垂直于 sp^2 面上形成未配对键，相邻的电子云相互重叠，导致电子可以沿碳链离域。链内和链间 π 电子轨道重叠所形成的导电能带（常简称为导带）为载流子沿聚合物主链的转移和跃迁提供了"高速公路"，载流子主要是电子或空穴。因此，导电高分子中的电子结构由聚合物链的对称性决定，即重复单元内原子的数量和种类。离域状态的驱动力与聚合物的共振稳定结构有关，化学键的交替与其对离域程度的限制导致形成能带带隙。以聚乙炔为例，在重复单元（—CH═CH—）中具有两个碳原子，因此，π轨道被分成成键轨道π和反键轨道π^*。由于每个轨道可以容纳两个电子（自旋向上和自旋向下），因此π轨道被填充，而π^*轨道是空的。π轨道（最高占据状态）与π^*轨道（最低未占据状态）两个能带之间存在较大能隙，$E_g = E_{\pi^*} - E_\pi$。p电子只有越过这个能级差才能导电，能级差的大小决定了聚合物导电能力的高低。因此，由于没有部分填充的带，共轭聚合物通常是半导体。E_g取决于重复单元的分子结构，如图2.3所示。本书所述的导电高分子均指共轭导电高分子。

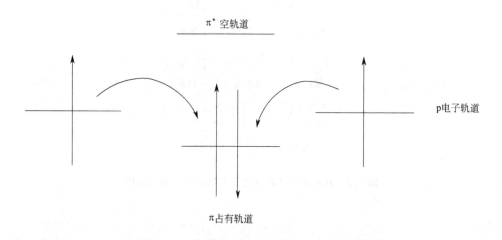

图2.3　高分子共轭体系中能级分裂示意图

导电高分子需要具备两个条件：①共轭高分子的π轨道可以强力离域，产生大量载流子（电子、空穴或离子等）；②链内和链间π电子轨道重叠形成导电通道。按照Peierls不稳定理论，在理想状态下，具有共轭结构的聚合物中，电子在共轭链段上离域，π占有轨道形成价带，π^*空轨道形成导带，两个能带之间的能级差为能隙，直接影响电子跃迁的能力。

研究表明，"掺杂"是区分导电聚合物与其他类型聚合物的最主要的方式。掺杂过程相当于把价带中一些能量较高的电子氧化掉，产生空穴或阳离子自由基。阳离子自由基在邻近聚合物链段上离域，并通过极化其周围的介质实现能量稳定，因而也称极化子。如果对共轭链进行重掺杂，极化子（离子自由基）可能向双极化子（双离子）或双极化子带转变。极化子或双极化子沿共轭链传递，实现导电。掺杂通过对聚合物结构进行化学修饰，在聚合物链中产生电荷载流子，并且聚合物和掺杂剂存在电荷交换，即中性链可以通过将过量的或不足的 π 电子引入聚合物晶格中而被部分氧化或还原。可以通过对聚合物电荷载流子的去除或化学补偿实现"去掺杂"。由于每个重复单元都是潜在的氧化还原位点，共轭聚合物可以通过 n 型（还原）或 p 型（氧化）掺杂实现电荷载流子浓度的增加。在掺杂过程中，有机聚合物，无论是绝缘体还是低电导率的半导体（电导率通常在 $10^{-10} \sim 10^{-5}$ S/cm），电导率都会有较大幅度的提升。与其他材料相比，几种导电高分子的电导率变化范围如图 2.4 所示。可以看出，掺杂后的导电聚合物的电导率分布范围较宽，初级掺杂的程度取决于掺杂剂的类型及其在聚合物中的分布。

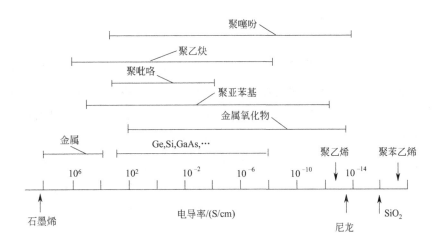

图 2.4 几种导电聚合物系统的电导率范围与传统材料的比较

由于共轭聚合物的 π 电子的离域范围大，既有亲电子能力，又能表现出较低的电子解离能，因此高分子既可以被氧化实现 p 型掺杂，又可以被还原实现 n 型掺杂。"掺杂后"高分子呈现较高的导电性，即载流子在电场的作用下定向运动。导电高分子的载流子是"离域"产生的电子或空穴与掺杂剂形成的孤子、极化子、双极化子等。按照能带理论，能带区部分填充使其具有导电性，因此 p 型掺杂，使价带变成半满状态或 n 型掺杂使导带中有电子，都能实现导电，如图 2.5 所示。图 2.5(a) 是未掺杂状态，此时 E_g 较大，室温下电子难以被激发到导带，因而不导电；图 2.5(b) 是 p 型掺杂，此时价带不是满带，显示出导电性；图 2.5(c) 是 n 型掺杂，导带有了自由电子，不是空带，因而显示出导电性。通过计算和理论研究表明，导电聚合物主链共轭程度高有利于 π 电子离域，可以增加载流子的迁移率，导电性好。

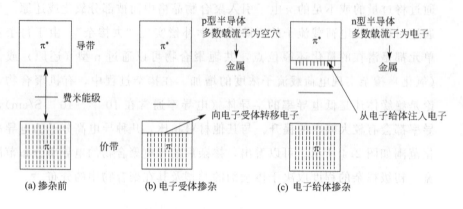

图 2.5 掺杂引起的能带变化示意图

本征型导电高分子是一类重要的气体敏感材料。掺杂使共轭高分子中发生电荷转移或发生氧化还原反应而具有导电性。掺杂后的导电高分子置于待测气体中，与气体发生反应，导致电导率发生变化，进而可以据此测定气体浓度。值得一提的是，基于导电聚合物的传感器件一般在室温下运行，不需要加热元件，这意味着基于聚合物的传感器具有低功耗、安全等优点。另外，本征态是绝缘态的聚合物，其碳的所有四个价电子用于共价键，广泛应用于气体传感器设计。通常用作气敏材料的导电高分子有聚苯胺、聚吡咯、聚噻吩。

2.2.1 基于聚苯胺的气体传感器

聚苯胺（polyaniline，PANI），是最常见且重要的导电高分子，具有原料易得、成本低、制备过程简单、性能稳定等优点，而且能与其他多种有机化合物、无机化合物和高分子化合物复合得到性能优异的新型材料。1862 年 Hlhetbey 首次将苯胺聚合成为 PANI，但是因缺乏对高分子的深入了解，PANI 并没有被充分认识和研究。直到 1986 年，A. G. Macdiamid 等人提出了被广泛接受的氧化（醌式结构）-还原（苯式结构）共存的聚苯胺结构，两种结构单元的含量随着反应条件的不同而不同，而且两种结构单元之间可以通过氧化还原反应相互转化，如图 2.6 所示。y 值代表聚苯胺的氧化还原程度，$y=0$ 时，聚苯胺为完全氧化型的"苯-醌"交替的结构（pernigraniline，PE）；$y=1$ 时，聚苯胺为完全还原型的全苯式结构（leucoemeraldine，LEB）；$y=0.5$ 时，聚苯胺为氧化单元数等于还原单元数的半氧化半还原结构（emeraldine base，EB），此时又称为本征态聚苯胺。完全氧化型和完全还原型聚苯胺均不具有导电性，只有有中间氧化态的聚苯胺可以通过掺杂导电。PANI 具有可逆的酸掺杂特性，在质子酸掺杂后可获得导电性能优异、价格低廉、合成方法多样、易制备等优势，成为研究最为广泛的导电高分子之一。研究发现，当 PANI 及其复合材料和某些介质作用时，室温下的电阻会发生大幅度改变，去除介质后又会恢复，变化的实质是 PANI 的掺杂/去掺杂过程。PANI 的质子酸掺杂过程理论上是完全可逆的，电导率随着掺杂程度的提高而增大。正是这一可逆掺杂特性，使 PANI 及其复合物可以用于开发高选择性的化学传感器。

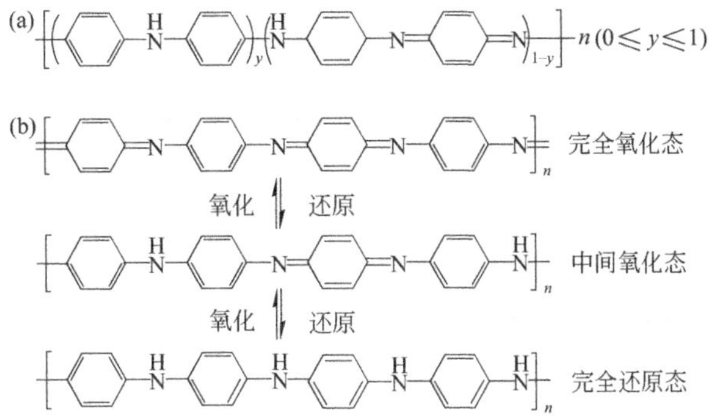

图 2.6 （a）聚苯胺的分子结构模型；（b）聚苯胺的三种氧化态

2.2.1.1 聚苯胺的合成

PANI 通常由苯胺单体经化学氧化聚合或电化学聚合方法制得，其中，化学氧化聚合法又分为：水溶液化学氧化聚合法、乳液聚合法、微乳液聚合法。聚合反应如图 2.7 所示，反应是一个氧化偶联聚合反应，苯胺单体首先在氧化剂的作用下形成阳离子自由基，然后生成二聚体，逐步聚合为聚苯胺。Wei Yen 等人通过对苯胺电化学聚合动力学研究，认为苯胺的聚合是一种非典型的链聚合。他提出苯胺单体首先形成阳离子自由基，氧化形成二聚体；二聚体继续被氧化成阳离子自由基，通过芳环亲电取代脱氢转化为三聚体；重复亲电取代和脱氢过程实现链增长，直至阳离子自由基耦合活性消失，生成 PANI。影响 PANI 性能的主要因素有：氧化剂种类、掺杂酸的种类、反应温度、反应时间。

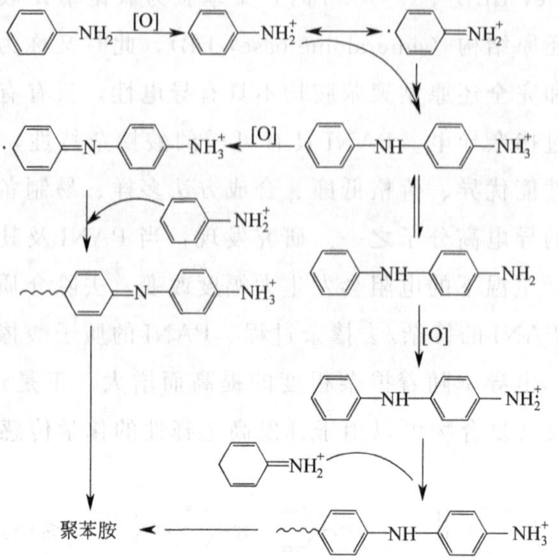

图 2.7　聚苯胺的化学聚合反应历程

2.2.1.2　聚苯胺的掺杂及敏感机理

聚苯胺的能隙较大，因此本征态的聚苯胺不导电，只有掺杂才能导电。在化学氧化聚合期间，通过掺杂作用，聚苯胺从绝缘态向导电态转变。实验表明，当本征态聚苯胺暴露在 HCl 中时，电阻快速减小。聚苯胺的掺杂是通过 HCl 对亚胺氮的质子化实现的。电导率的变化是由沿聚合物主链形成的极化子（阳离子自由基）产生的。这种掺杂过程通常由在酸性介质中合成 PANI 而直接获得，用质子酸掺杂不导电的聚苯胺亚胺碱（PANI-EB）形成导电的聚苯胺亚胺盐（PANI-ES）的过程如图 2.8 所示。在质子酸掺杂过程中，PANI 链的电子数目不发生改变，只是质子进入聚合物链，与亚胺基（=N—）上的 N 原子结合，将醌环还原为苯环，在 PANI 链中形成极化子，随着掺杂的进行，极化子倾向于形成双极化子。此时，高分子链带正电荷，为保持电荷平衡，对阴离子也吸附在 PANI 链上。导电的翠绿亚胺盐态聚苯胺被认为是具有极化子导带的离域聚（半醌自由基阳离子），大部分正电荷在氮原子上，它在费米能量上表现出有限的态密度。需要说明的是，掺杂剂浓度较低时，极化子在 PANI 链中随机占据，并且仅有有限的迁移率，此时导电率较低。随着掺杂的进行，PANI 主链上吸附更多的对阴离子，导致产生大量可以离域成离域极化子的双极化子，可以显著地提高 PANI 的电导率。

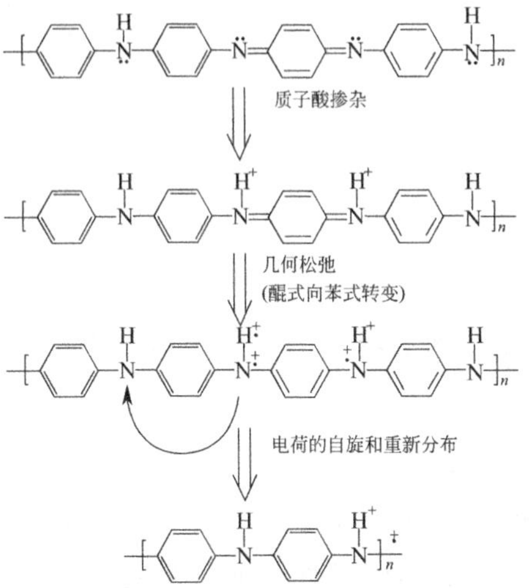

图 2.8 聚苯胺的质子酸掺杂过程，从绝缘体转变为导体而电子不发生变化（未展示出对阴离子）

PANI 具有可逆的酸/碱掺杂特性，酸掺杂后的 PANI 是一种翠绿亚胺盐形式，具有导电性，相反，去掺杂形式的 PANI（翠绿亚胺碱）不具有导电性。PANI 的电导率随着掺杂程度的增加而增加，从未掺杂的翠绿亚胺碱到完全掺杂的导电翠绿亚胺盐，可以通过改变掺杂剂调节其氧化状态和掺杂程度。PANI 的质子酸掺杂剂主要包括无机小分子质子酸（盐酸、硫酸、高氯酸等）和有机大分子质子酸（植酸、十二烷基苯磺酸等）。掺杂质子酸的作用为：①为反应提供所需要的酸性条件；②以掺杂剂的形式进入 PANI 链使其导电。

与其他导电高分子不同，PANI 的掺杂是氢离子的得失，电子数目不发生改变，掺杂状态可以通过酸碱反应来控制，因此被广泛应用于检测酸性或碱性气体，尤其是 NH_3。当暴露在 NH_3 中时，酸化 PANI 通过去质子化进行去掺杂，相互作用机理如图 2.9 所示。NH_3 夺取—NH—基团上的氢离子形成 NH_4^+，而 PANI 主链极化子减少，载流子的量减少或载流子迁移率降低，PANI 从导电的翠绿亚胺盐态部分转变为不导电的翠绿亚胺碱态。该过程是一个可逆的过程，当除去 NH_3 气氛时，NH_4^+ 容易分解

为 NH_3 和氢离子，氢离子可以重新对 PANI 进行掺杂，使其恢复初始电导率。

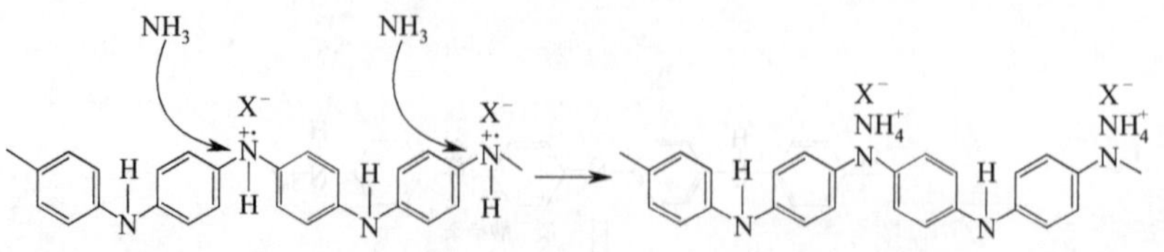

图 2.9 聚苯胺与 NH_3 的反应机理

2.2.1.3 基于聚苯胺基复合敏感材料的气体传感器研究进展

研究者们对使用 PANI 作为气体传感器材料的极大兴趣始于 1987 年，A. G. Macdiarmid 等人通过简单的质子化/去质子化反应实现了 PANI 的掺杂/去掺杂。PANI 在酸性/碱性介质下进行掺杂/去掺杂会使电导率发生改变，证明 PANI 可以用作化学阻抗传感器。在此之后，M. Hirata 等人报道了第一个基于 PANI 的 NH_3 传感器（1994 年），传感器的灵敏度为 49.8Ω/ppm，响应时间 3min，恢复时间 10min，该传感器在室温下检测且环境稳定性好。1996 年 A. L. Kukla 等人开发了一种基于多用途硅芯片和由 PANI 为敏感层的 NH_3 传感器，制备的传感器灵敏度高、测量范围宽（1～2000ppm）且化学稳定性好，研究了此传感器的 I-V 曲线、温度、浓度和动力学特征，以及传感器的老化特性，重点讨论了在 NH_3 环境中长期工作后传感器参数的变化。图 2.10 展示了以 PANI 制备氨气传感器发展的简要年表的图示。

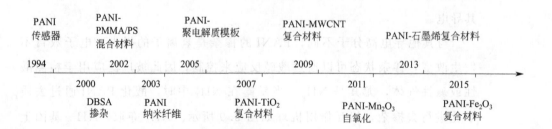

图 2.10 关于以聚苯胺制备氨气传感器发展的简要年表图示

然而，基于 PANI 的气体传感器在灵敏度和可加工性上仍然有很大的缺陷。如 1994 年 M. Hirata 等人和 1996 年 A. L. Kukla 等人报道的 $HClO_4$ 掺杂的 PANI 气体传感器不溶于水或有机溶剂，这限制了将合成的 PANI 加工成膜。这一限制促使研究者们开发能更好地分散在水中或有机溶剂中的 PANI。研究发现使用有机酸，如十二烷基苯磺酸作为掺杂剂，相对于以 $HClO_4$ 作为掺杂剂，可制备分散性更好的 PANI。Shuizhu Wu 等人通过乳液聚合法制备的 PANI-DBSA 可溶于几种有机溶剂，如氯仿，研究了 PANI-DBSA 传感器对 NH_3 的敏感特性，这种 PANI-DBSA 膜具有高的灵敏度、宽的检测浓度范围（0~1000ppm）和好的稳定性（图 2.11），还研究了气体浓度和温

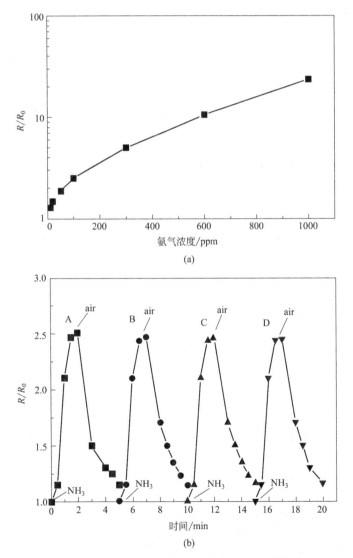

图 2.11 （a）样品的相对电阻与 NH_3 浓度之间的关系；（b）样品在（A）20 天之后；（B）40 天；（C）60 天；（D）80 天对 100ppm 浓度的 NH_3 的响应

度对传感器的影响，材料的电阻随着 NH_3 浓度的增大而增加，但随着温度的升高而降低；PANI-DBSA 膜在环境中保持 80d，灵敏度保持不变；响应时间小于 2min。此外，稳定的 PANI 胶体悬浮液使材料适合通过喷墨打印和凹印沉积制备器件，为 PANI 传感器的大规模制造提供了一种潜在的实用方法。除了提高可加工性能外，DBSA 可用作活性剂和模板来制备纳米结构的 PANI。

随着研究者对纳米材料的关注日益加强，2003 年报道了关于 PANI 纳米纤维薄膜的制备及气敏性能。与普通 PANI 膜相比，PANI 纳米纤维薄膜具有更高的比表面积，因此有更多的 NH_3 吸附位点。用界面聚合的方法制备的 PANI 纳米纤维的直径是 20~100nm。与前期报道的 PANI 气体传感器相比，PANI 纳米纤维薄膜表现出更高的气敏性能、更快速的响应速率。随后，为增加比表面积，各种形貌 PANI 纳米复合材料传感器被广泛研究，包括纳米管、纳米颗粒和纳米线。使用自氧化 Mn_2O_3 作为模板设计形貌可调的 PANI 纳米管，如图 2.12 所示。与界面聚合法制备的弯曲互联的纳米纤维相比，这种方法制备的 PANI 纳米管长而直，直径 80nm，内径 38nm。以这种 PANI 纳米管构筑的传感器显示出好的气敏性能，检测下限低至 25ppb。但是只以纯的 PANI 为敏感材料制备的传感器通常具有灵敏度低、选择性差等缺点，因此通常将 PANI 和其他材料复合，通过不同材料之间的协同作用来提高传感器的灵敏度等气敏性能。基于 PANI 复合材料制备 NH_3 传感器的敏感材料主要包括 PANI/高分子复合材料、PANI/碳基复合材料（碳基材料主要包括石墨烯、碳纳米管等）、PANI/贵金属复合材料以及 PANI/氧化物半导体复合材料。其

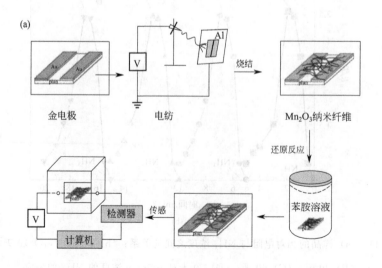

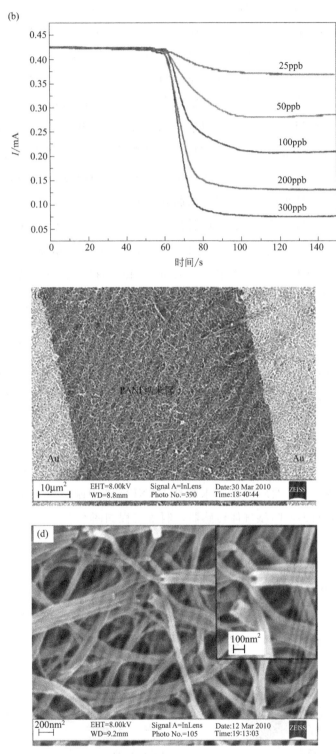

图 2.12 （a）PANI 纳米管传感器制造装置的示意图；（b）注入不同浓度的氨气时 PANI 纳米管器件的电流变化；（c）用于气体传感测试的 PANI 纳米管样品的 SEM 图像；（d）所制备的 PANI 纳米结构的 SEM 图像

中 PANI/氧化物半导体复合材料可以形成异质结，能有效提高材料的敏感特性。PANI 与碳材料（碳纳米管、石墨烯）复合能增加比表面积以及特殊的导电通道，可以提升材料的气敏性能，因此引起广泛的关注。

为了进一步提高 PANI 传感器的灵敏度，将 p 型 PANI 与 n 型氧化物半导体复合是一种提高材料气敏性能的有效的策略。Huiling Tai 等人在胶体 TiO_2 中用原位自组装技术在 Si 衬底上合成 PANI/TiO_2 复合材料，基于 PANI/TiO_2 复合材料的传感器对 NH_3 具有非常快的响应和恢复速率，时间分别为 2s 和 20～60s，该传感器还具有高选择性和长期稳定性。Lingling Wang 等人以植酸为凝胶剂通过原位聚合法制备 CeO_2 纳米颗粒@ PANI 核-壳复合材料，以 Al_2O_3、Au 叉指电极为衬底构筑了一种具有高灵敏度和长期稳定性的室温 NH_3 传感器。该传感器在室温下对 50ppm NH_3 的灵敏度为 6.5，检测下限为 2.5ppm，具有 15 天的稳定性。Guotao Zhu 等报道了一种基于 PANI/ZnO 阵列复合膜的室温 NH_3 传感器，具有比单一 PANI 传感器高的气敏性能。PANI/ZnO 阵列传感器在室温下对 50ppm NH_3 的灵敏度约为 2.4，检测下限为 10ppm。气敏性能增强归因于 ZnO 纳米棒阵列不仅可以为气体扩散创造纳米级间隙，还可以提供丰富的吸附位点。D. K. Bandgar 等人通过将 PANI/α-Fe_2O_3 纳米复合材料沉积到 PET 衬底上构筑了一种柔性室温 NH_3 传感器。传感器对 100ppm NH_3 的灵敏度为 39%，能检测低浓度（5ppm）的 NH_3，并且响应速度快（27s），恢复时间非常短（46s）。

Yang Li 等人通过静电纺丝和水热法在印有金电极的玻璃衬底上制备 Fe_2O_3 纳米片，然后浸没在水溶性 PANI 溶液中制备基于 PANI/Fe_2O_3 纳米片复合材料的电阻型气体传感器，制备流程如图 2.13 所示。并用同样的方法制备了基于 PANI/SnO_2 纳米片复合材料的气体传感器和基于 PANI/TiO_2 纳米片复合材料的气体传感器。研究结果表明，基于 PANI/Fe_2O_3、PANI/Ti_2O_3、PANI/SnO_2 纳米片复合材料的传感器在室温下具有高的灵敏度。对 10.7ppm NH_3 的灵敏度分别可达到 3070%、3770%、和 3700%，同时检测下限都在 50ppb 附近。对比图 2.14 可以发现，用该方法制备了结构相似的气敏

图 2.13　Fe_2O_3 纳米片与 PANI 复合物的制备流程图

材料，但是灵敏度有一些差异，说明研究 PANI 复合不同氧化物半导体作为气敏材料是有必要的。

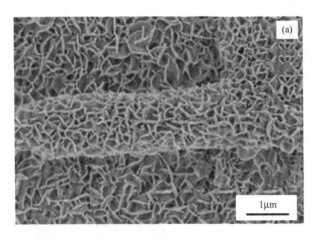

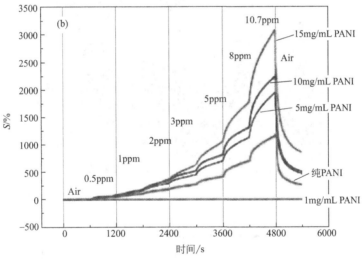

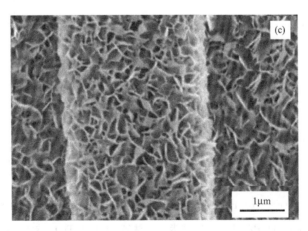

图 2.14

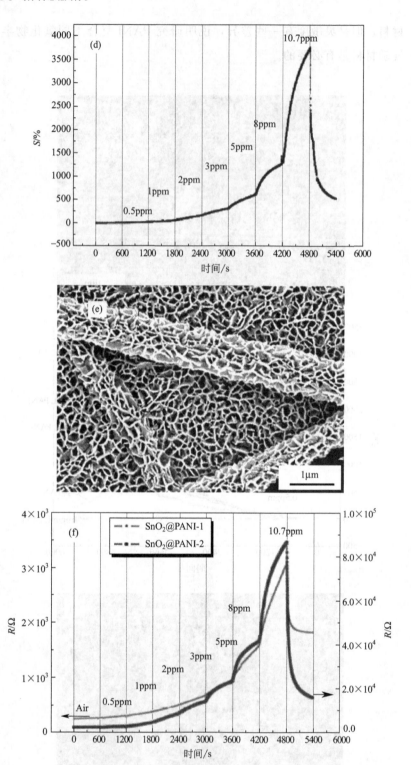

图2.14 （a），（c），（e） Fe$_2$O$_3$ 纳米片，TiO$_2$ 纳米片，SnO$_2$ 纳米片的 SEM 图像；
（b），（d），（f） PANI/Fe$_2$O$_3$ 纳米复合材料，PANI/TiO$_2$ 纳米复合材料，
PANI/SnO$_2$ 纳米复合材料在室温下对 NH$_3$ 的动态响应

Shan Jiang 等人报道了一种以 Au 纳米颗粒功能化的单层二维纳米碗状 PANI 为敏感材料的传感器。传感器对 100ppm NH_3 的灵敏度为 3，同时具有快速的响应-恢复速率，响应时间 5s，恢复时间 7s。此外，传感器的灵敏度随着 Au 的增加而增加，证明了 Au 对传感器的催化作用。Sukhananazerin Abdulla 等人通过原位化学氧化法制备 PANI/MWCNTs 基纳米复合材料用于构筑 NH_3 传感器。基于 PANI/MWCNTs 基纳米复合材料的传感器对 NH_3 的气敏性能显著优于基于 MWCNTs 的传感器，在室温下对 10ppm NH_3 的灵敏度为 32%，检测下限可达到 2ppm，具有快速响应和良好的可逆性，性能的提高主要归因于 MWCNT 上的 PANI 增强了电荷转移。Debasis Maity 等人通过在织物上喷涂 MWCNTs，然后原位聚合 PANI 制备了可穿戴 NH_3 传感器。制备流程如图 2.15 所示，MWCNT/PANI 织物传感器在大范围弯曲（90°～270°）下，电阻没有明显改变，在室温下对 100ppm NH_3 的灵敏度为 92%，检测下限为 200ppb。

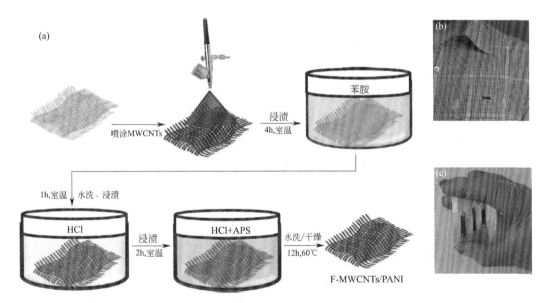

图 2.15 （a）MWCNTs/PANI 的制备流程图；（b）传感器集成在衬衫上和（c）用于 NH_3 检测的传感器

Pengbo Wan 等人通过苯胺在还原性氧化石墨烯（rGO）溶液中聚合，同时沉积到 PET 衬底上，制备了分等级 PANI-rGO 纳米复合薄膜用于高性能柔性气体传感器，制备方法及敏感机理如图 2.16（a）和图 2.16（b）所示。沉积在 PET 衬底上的 PANI/rGO 复合材料和 PANI 纳米纤维相互连接形成分等级纳米复合网络膜，具有高比表面积（47.896m^2/g）。制备的气体传感器对

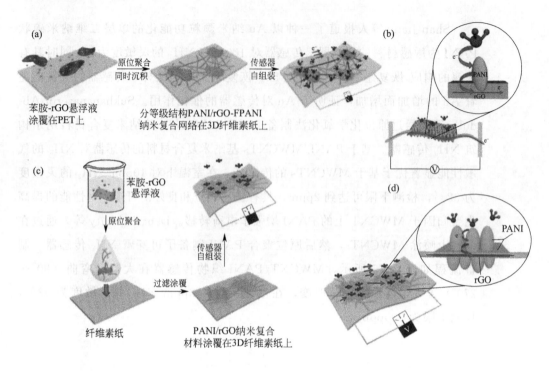

图 2.16 (a),(c) 制造 PANI/rGO 纳米复合材料传感器的示意图；
(b),(d) PANI/rGO 纳米网络复合材料的 NH_3 传感机理

NH_3（100ppb～100ppm）展示了高的敏感特性，PANI/rGO-PANI 薄膜的透明度高（550nm 时为 90.3%），响应-恢复速率快（36s/18s），耐弯曲性能好（1000 次弯曲/延伸循环后性能没有明显的下降）。此外，该团队还制备了一种由环保型 3D 多孔纤维素纸与分层聚苯胺/还原氧化石墨烯（PANI/rGO）纳米复合网络过滤涂层组装而成的纸质室温传感器，PANI/rGO 纳米复合网络膜由苯胺在 rGO 溶液中原位聚合制得，制备方法及敏感机理如图 2.16(c) 和图 2.16(d) 所示。构筑的传感器对 NH_3 具有优异的选择性、重复性和耐弯曲特性（在 1000 次弯曲/延伸后性能没有明显变化），同时具有大的比表面积（48.532m^2/g）。PANI/rGO 复合材料优异的气敏特性归功于高的比表面积、PANI/rGO-PANI 网络薄膜的协同效应和高效的人工神经网络传感通道。

2.2.2 基于聚吡咯的气体传感器

2.2.2.1 聚吡咯简介

聚吡咯（polypyrrole, Ppy），是由 C、N 五元杂环作为结构单元构成的本

征型导电聚合物，通常由化学氧化聚合或电化学阳极氧化制备。聚吡咯具有导电性好、空气稳定性强、无毒等优点，同样受到广泛的研究。Ppy 具有共轭链和对阴离子掺杂结构，具有很好的导电性和化学氧化-还原可逆特征。

2.2.2.2 聚吡咯敏感机理

聚吡咯导电机理：Ppy 具有单-双键交替的共轭结构，分子内 π 电子云重叠分布在分子链上，在外电场的作用下，π 电子沿分子链移动，从而导电。图 2.17 展示了 Ppy 的氧化过程，通过化学或电化学氧化作用消除 Ppy 链中的部分电子，产生空穴。产生的阳离子自由基称为极化子，对阴离子 X^- 吸附在聚合物链周围平衡电荷。掺杂的导电聚合物通常是半导体（电导率为 $100\sim10^3 S/cm$），掺杂过程是可逆的。

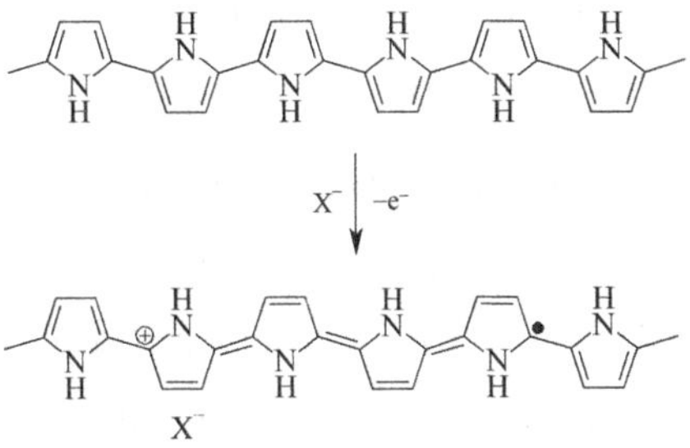

图 2.17 Ppy 的氧化掺杂

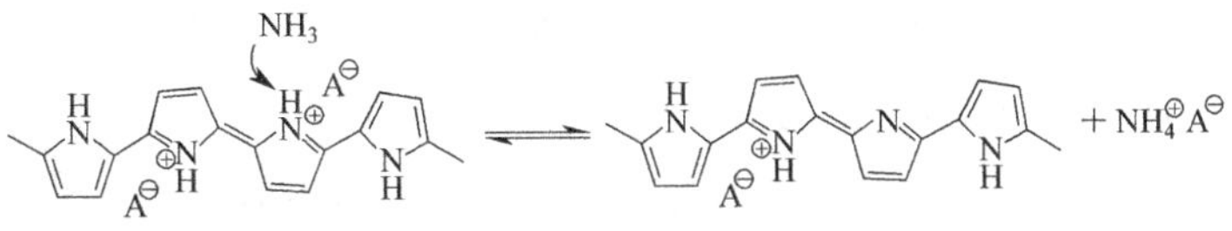

图 2.18 Ppy 与 NH_3 的反应

1983 年，C. Nylander 等首次将聚吡咯作为气体敏感材料用来检测 NH_3，开辟了 Ppy 作为气敏材料应用的先河，Ppy 与 NH_3 的反应如图 2.18 所示。Ppy 与气体分子作用使电阻发生变化，响应机理主要包括以下两种：

（1）电荷转移机理

聚吡咯对待测气体的响应归功于气体与 Ppy 之间发生电子或质子的转移。当电子从 Ppy/待测气体转移到待测气体/Ppy 时，Ppy 发生氧化（还原）

反应，改变其掺杂水平，导致其电阻的变化。此外，G. Gustafsson 等人认为聚吡咯与 NH_3 分子之间存在质子转移机理，当两者接触时，NH_3 分子夺取吡咯环上的氢离子，导致聚吡咯的掺杂度降低，减少聚吡咯分子链中的载流子，电阻增大。但是聚吡咯与 NH_3 反应时通常伴随着 NH_3 对 Ppy 的不可逆亲核进攻，生成 $NH_4^+-X^-$ 在敏感体内扩散，形成盐晶体，会影响响应的可逆性。

（2）吸附膨胀机理

某些挥发性有机蒸汽，如苯、氯仿与 Ppy 接触后，通过扩散作用进入 Ppy 分子链内，导致材料溶胀，也会改变 Ppy 的导电性。此外，气体与 Ppy 形成氢键或偶极子相互作用也会影响其气敏性能。Ppy 粉末具有不溶、不熔特性，难以加工成器件，因此主要通过电化学沉积法制备敏感器件。

2.2.2.3 基于聚吡咯基复合敏感材料的气体传感器研究进展

影响聚吡咯气敏性能的因素主要包括：聚吡咯纳米尺度（形貌）、掺杂剂种类、合成条件、Ppy 复合材料种类等因素。一般来说，导电高分子纳米级的 1D 结构可以促进电荷沿长轴方向传输，可提高传感器的气敏特性。开发导电高分子 1D 纳米结构被认为是有效提高气敏材料敏感性的解决方案。Mianqi Xue 等人基于模板辅助电化学沉积和微冷壁气相沉积制备高取向聚吡咯纳米管用作气敏材料，制备的 Ppy 纳米管具有良好的表面质量和超薄壁厚，具有高取向和导电各向异性。基于 Ppy 纳米管制备的 NH_3 传感器具有超低的检测下限，低至 0.05ppm，同时在室温下具有快速的响应-恢复速率，可在环境中直接检测和连续性检测。Lei Zhang 等人通过阳极氧化铝模板法制备一种高密度、小直径（约 50nm）的聚吡咯纳米线阵列用作 NH_3 传感器。用这种具有高比表面积和小直径的 Ppy 纳米线阵列为敏感材料制备的 NH_3 传感器，在室温下对低浓度的 NH_3 具有高的灵敏度，对 1.5ppm NH_3 的灵敏度为 10%，对 77ppm NH_3 的灵敏度为 26%。Luiz H. Dall'Antonia 等人用电化学沉积法制备十二烷基苯磺酸盐（DBSA）掺杂的聚吡咯膜用作 NH_3 传感器的敏感层，通过掺杂具有大的两亲性阴离子（DBSA）的聚吡咯膜，可以提高器件的敏感特性。P. G. Su 等人通过原位自主装 Ppy 在 PET 柔性衬底上制备 NH_3 传感器，证明了传感器的气体传感特性（响应）和柔性特性强烈依赖于 Ppy 层的结构，传感器具有非常快的响应/恢复速率，响应时间和恢复时间分别为 12s 和 52s，同时展现了高的重复性和极好的选择性。Jianhua Sun 等人通过原位化学氧化聚合制备了具有 p-n 异质结的 Ppy/WO_3 复合材料，并将其装配到柔性 PET 衬底上以构建三乙胺传感器。该传感器对三乙胺具有极高的灵敏度，响应时间为 49s，并且对 VOC 气体具有出色的选择性。优异的传感性能主要归因于 Ppy/WO_3 复合材料在无机 WO_3 和有机聚吡咯之间的界面处形成 p-n 结。Dongzhi Zhang 等人通过层层组装技术制备 Ppy/Zn_2SnO_4 纳米复合薄膜，并与通过滴注法制备的 Zn_2SnO_4 薄膜传感器作对比，这种基于 Ppy/Zn_2SnO_4 纳米复合薄膜制备的传感器具有较低的检测下限（0.1ppm），较快的响应/恢复速率（26s/24s，0.25ppm），和良好的可重复性。其优异性能归因于 Ppy 表面氨吸附/解吸的去质子化/质子化过程、p-n 异质结的特殊相互作用以及 Ppy/Zn_2SnO_4 纳米复合材料的高表面积。

2.2.3 基于聚噻吩的气体传感器

2.2.3.1 聚噻吩简介

聚噻吩（polythiophene，PTh），是另一种比较常用的本征型导电高分子材料，其结构式如图 2.19 所示，是一种五元杂环。本征态聚噻吩不易溶于水或有机溶剂，通常通过在噻吩环上引入长链烷烃改善其溶解性。聚噻吩具有较小的能带结构，但氧化掺杂后，电位较高，在空气中不稳定，容易被还原为本征态，其氧化还原状态如图 2.20 所示。聚噻吩的主要气敏机理是氧化还

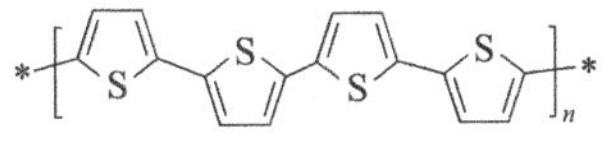

图 2.19 聚噻吩的结构式

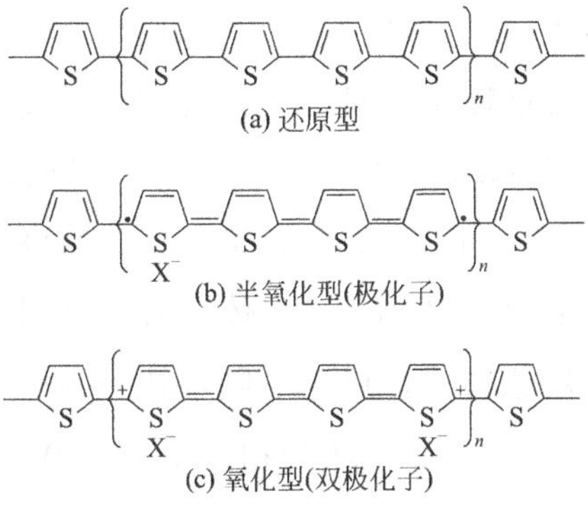

(a) 还原型

(b) 半氧化型(极化子)

(c) 氧化型(双极化子)

图 2.20 聚噻吩的不同氧化还原转态

原机理，与 PANI 类似，聚噻吩在不同氧化还原状态的电导率不同，因此可以对能改变聚噻吩氧化还原状态的气体进行检测，此外聚噻吩的另一种气敏机理主要是溶解膨胀机理。

2.2.3.2 基于聚噻吩基复合敏感材料的气体传感器研究进展

对聚噻吩气敏材料的改性研究如下：聚噻吩衍生物或共聚物材料的研究；聚噻吩及其衍生物与碳材料（碳纳米管、石墨烯）或氧化物半导体纳米复合材料的研究。David N. Lambeth 等人使用纳米结构共聚物检测挥发性有机化合物，研究发现通过在聚噻吩上引入第二种聚合物形成嵌段共聚物或者通过制备具有不同烷基侧链的聚噻吩的无规共聚物可以改变传感器的选择性和灵敏度。表 2.2 展示了工作中研究的聚噻吩聚合物的化学结构和性质。研究结果表明聚噻吩共聚物可增强材料对 VOCs 的识别，通过共聚的方法能有效改善聚噻吩的气敏性能。Katarzyna Dunst 等人通过电化学聚合法在氧化铝衬底上聚合 PEDOT-石墨烯复合材料敏感层来构筑 NO_2 传感器，基于 PEDOT/石墨烯复合材料的传感器对测试范围是 5～100ppm 的 NO_2 具有良好的气敏特性，研究表明气敏性能受退火温度和工作温度的影响，而且证明了高的工作温度易于克服湿度对气敏性能的影响。Yaqiong Zhang 等人使用聚[3-(6-羧基己基)噻吩-2,5-二甲基]（P3CT）功能化碳纳米管作为传感器敏感材料，通过将 P3CT/CNT 悬浮液滴涂在叉指电极（IDE）上，开发了一种用于痕量检测甲基苯乙胺蒸气的高灵敏度和高选择性的气体传感器，检测下限 4ppb，能将 NMPEA 与其他常见的 VOC 区分开来。Siying Li 等人制备了使用聚(3,4-乙烯-二氧噻吩)：聚(苯乙烯磺酸盐)(PEDOT：PSS)/银纳米线(AgNW)复合材料作为敏感层，以 PET 衬底的柔性 NH_3 传感器。研究表明通过优化 AgNW 的添加量可以改善传感器的气体敏感特性，制备的传感器具有低检测下限（500ppb）、高灵敏度（40%，25ppm）和好的选择性，可以应用于检测肉制品腐败等食品安全领域。Youjie Lin 等人通过凹版印刷 WO_3-PEDOT：PSS 纳米复合材料到聚酰亚胺衬底上制备 NO_2 传感器。优化后的传感器在室温下对 NO_2 表现出好的敏感特性，检测下限可达到 50ppb，响应时间和恢复时间分别为 45.1s 和 88.7s。作者认为相较于纯的 WO_3 传感器，复合材料气敏性能的提升归功于 PEDOT：PSS 提供的导电通道、WO_3-PEDOT：PSS 界面处形成的异质结以及印刷的微尺度条纹结构。

表 2.2 聚噻吩共聚物的化学结构和性质

聚合物	化学结构	组成[a]	分子质量[b]	PDI[c]	电导率/(S/cm)
P3HT	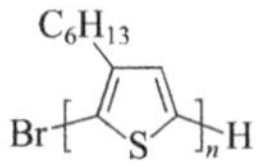	100% PHT	11600	1.17	3.0×10^{-4}
PHT-b-PS	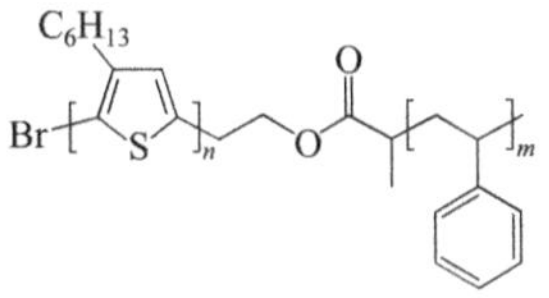	65% PHT	16500	1.3	3.7×10^{-6}
PHT-b-PMA	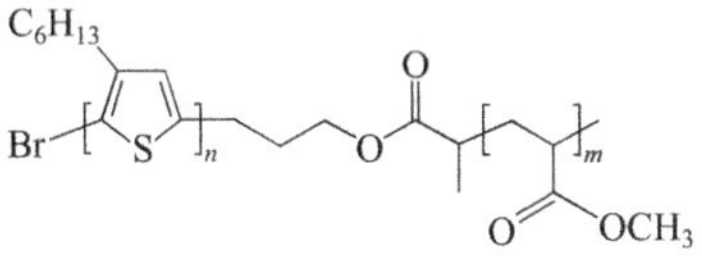	80% PHT	14620	1.21	7.9×10^{-5}
PHT-b-PBA	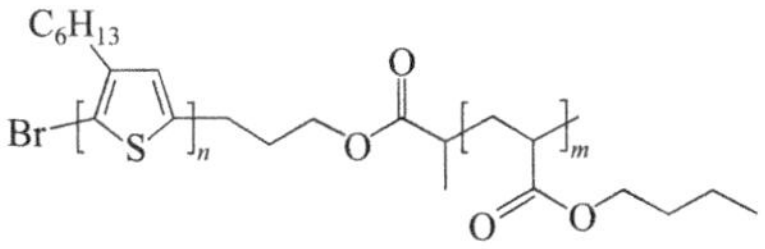	82% PHT	16000	1.23	1.2×10^{-5}
PDDT-ran-PMT	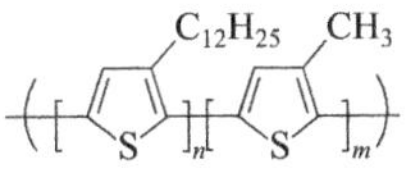	50% PDDT	11950	1.2	4.5×10^{-5}

a. 通过 1H NMR 光谱测定 PHT 成分的摩尔分数。

b. 通过凝胶渗透色谱法测定数均分子量和多分散性,以聚苯乙烯作为标准。

c. 用 0.5V 直流电压喷印薄膜的 Au 螺旋电极上进行电导率测量。基于喷射溶液的聚合物与溶剂的比率,估计干燥的膜厚度约为 50nm。

注:1. 聚(3-己基噻吩)(P3HT);

2\. 聚(3-己基噻吩)-b-聚苯乙烯(PHT-b-PS);

3\. 聚(3-己基噻吩)-b-聚(甲基丙烯酸酯)(PHT-b-PMA);

4\. 聚(己基噻吩)-b-聚(丙烯酸丁酯)(PHT-b-PBA);

5\. 聚(3-十二烷基噻吩-3-甲基噻吩)(PDDT-ran-PMT)。

第 3 章

基于聚苯胺复合二氧化锡敏感材料的室温 NH_3 传感器

3.1 引言

研究表明空气污染主要是空气中的氮氧化物和硫氧化物与氨气（NH_3）相结合生成硝酸铵、硫酸铵等无机颗粒物（图 3.1），NH_3 是形成雾霾的重要推手。NH_3 作为大气污染物的重要组成部分，会对人体的健康造成严重危害。此外，生产肥料的化学工厂的 NH_3 泄漏容易引发爆炸；肉类、鱼等的腐败会释放 NH_3；通过检测 NH_3 可以诊断消化性溃疡和肾/肝疾病等。因此，NH_3 的实时、快速检测对人类活动至关重要。

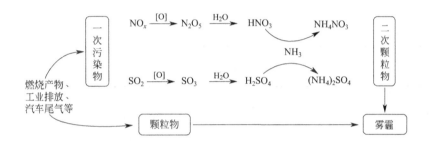

图 3.1 雾霾的形成机制示意图

迄今已经制备了多种基于传统金属氧化物半导体（MOS）和基于固体电解质的 NH_3 传感器。但是，这些材料通常需要高的工作温度，不仅浪费大量的能源，而且存在着火灾隐患，因此限制其在某些领域的应用。幸运的是，研究发现导电高分子（CPs）可以被用作室温敏感材料。然而，基于纯的 CPs 的传感器对 NH_3 的灵敏度通常很低。为提高材料的敏感性能，须开发基于金属氧化物半导体@导电高分子。SnO_2 作为典型的 n 型氧化物半导体，具有易合成、化学稳定性好、价廉等优势，在气体敏感材料领域受到广泛关注。PANI 作为一种常见的导电高分子，具有易合成、导电性好、特有的氧化还原反应、可逆的掺杂/去掺杂以及可室温检测气体等性能，被认为是最有前途的室温 NH_3 传感材料。

本章，我们通过水热法和原位化学氧化聚合法的组合方法成功制备了基于 SnO_2@PANI 复合敏感材料的室温 NH_3 传感器，系统地研究了构筑的传感器对 NH_3 的敏感特性，并探讨了材料的敏感机理。

3.2 敏感材料的制备

本实验中所使用的化学药品均为分析纯且不经过进一步提纯（苯胺除外），实验主要药品及试剂列于表 3.1，实验主要仪器设备列于表 3.2。

表 3.1 实验主要药品及试剂

化学试剂	规格
四氯化锡（$SnCl_4 \cdot 5H_2O$）	≥99.0%
葡萄糖（$C_6H_{12}O_6$）	≥99.0%
苯胺（C_6H_7N，Ani）	≥95%
过硫酸铵（C_6H_7N，APS）	≥98.0%
磷酸（H_3PO_4）	85%
盐酸（HCl）	36%～38%

表 3.2 实验主要仪器设备

仪器名称	型号
场发射扫描电子显微镜（FESEM）	JSM-7500F
高分辨透射电子显微镜（HRTEM）	JEM-2200FS
X射线能谱仪（EDS）	JEM-2200FS
傅里叶红外变换光谱仪（FTIR）	PE-400，ATR plugin
X射线粉末衍射仪（XRD）	Rigaku D/Max-2550V
比表面积分析仪（BET）	Gemini Ⅶ
X射线光电子能谱（XPS）	XR50
紫外-可见分光光度计（UV-vis）	SHIMADZU 2550
热重分析仪（TG）	STA449 F3
拉曼共焦显微光谱仪（Raman）	LabRAM HR Evolution

SnO_2 纳米材料是通过简单的一步水热法合成的，具体合成方法如下：首先，将 1.4mmol 五水合四氯化锡（$SnCl_4 \cdot 5H_2O$）溶解到 35mL 去离子水中，在磁力搅拌的作用下使 $SnCl_4 \cdot 5H_2O$ 完全溶解，加入 4g 葡萄糖继续搅拌至溶液澄清。20min 后，将 1mmol 磷酸（H_3PO_4）逐滴加入上述溶液中，继续搅拌 20min。然后，将获得的混合溶液转移到 50mL 不锈钢水热釜（聚四氟乙烯内衬）中，并将反应釜置于 160℃ 的恒温烘箱中反应 24h。待反应结束，反应釜自然冷却到室温后，用离心的方法收集获得的沉淀，并用水和无水乙醇交替洗涤。最后，将产物在 80℃ 干燥箱中干燥，最后将得到的前驱物在空气气氛的马弗炉中 550℃ 煅烧 3h。

基于 PANI 和 SnO_2@PANI 敏感材料的柔性器件的制备是通过原位化学

氧化聚合的方法制得的。合成过程如下：在 15mL 1mol/L HCl 中加入 0.5mmol 过硫酸铵（APS）并不断搅拌 30min，然后在冰水浴中预冷得到溶液 A。将一定量的制得的 SnO_2 纳米材料加入 15mL 1mol/L HCl，超声 10min 使 SnO_2 分散，然后加入 0.5mmol 苯胺单体，将混合溶液继续超声 30min，预冷得到溶液 B。SnO_2 与苯胺单体的物质的量之比为 0、2%、5%、10%、20%、30%。接下来将溶液 A 缓慢倒入溶液 B 中，同时在混合溶液中加入一片柔性的 PET 衬底（尺寸：1cm×0.8cm×125μm）。在冰水浴中反应 2h。最后，将包含 SnO_2@PANI 敏感材料的 PET 衬底放到空气中室温干燥 24h，得到基于 SnO_2@PANI 敏感材料的柔性器件。收集溶液中的沉淀，用去离子水和无水乙醇交替离心洗涤，干燥备用。命名基于 SnO_2@PANI 敏感材料的传感器为 PASnx，x 代表 SnO_2 添加量（摩尔分数）。合成过程示意图如图 3.2 所示。基于单一 PANI 敏感材料的器件制备方法同上，只是溶液 B 中不加入 SnO_2 纳米材料。基于纯 SnO_2 的敏感材料的器件制备方法是将分散好的 SnO_2 旋涂到 PET 衬底上。PET 衬底在使用前用氧等离子体处理 10min。

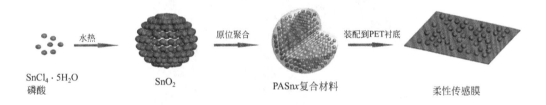

图 3.2　柔性传感器件的制备流程示意图

3.3　敏感材料的表征及分析

利用场发射扫描电子显微镜（FESEM，JSM-7500F，15kV）、透射电镜（TEM）以及高分辨透射电子显微镜（HRTEM，JEM-2200FS，200kV）对材料的形貌及微观结构进行表征。用 X 射线能谱仪（EDS）分析样品的元素分布。利用傅里叶红外变换光谱仪（FTIR，PE-400，ATR plugin）对样品在特定区域（4000～500cm^{-1}）的化学官能团信息进行表征。利用 X 射线粉末衍射仪（XRD，Rigaku D/Max-2550V，CuKα1 radiation，λ=1.5406Å）对产物的晶体结构进行表征。利用配备有积分球的 UV-vis 分光光度计（SHIMADZU 2550）测试 UV-Vis 吸收光谱。使用热重分析仪（TG，SFA449 F3）在 30～

800℃温度范围内以10℃/min的加热速率在空气气氛下对样品的热分解行为进行分析。利用比表面积分析仪（BET，Gemini Ⅶ，Micrometrics）测试样品的等温吸附-脱附曲线，使用 Brunauer-Emmett-Teller（BET）方程计算等温吸附曲线得出比表面积。

用扫描电镜（SEM）和透射电镜（TEM、HRTEM）来表征样品的形貌和微观结构，结果如图3.3所示，制得的PANI是均匀的纳米纤维状结构，纳米纤维的直径为48nm［图3.3(a)］。从图3.3(b)中可以清楚地看到，SnO_2 由非常小的纳米颗粒组成。图3.3(d)的TEM照片进一步展现出 SnO_2 的微观结构，由极小的 SnO_2 纳米颗粒以松散的状态堆积在一起，这种结构使材料具有较大的比表面积从而有利于气体的吸附和扩散。图3.3(c)是PASn20复

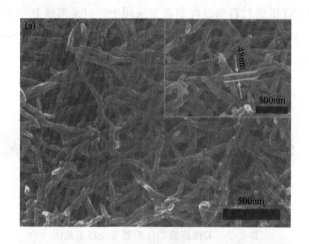

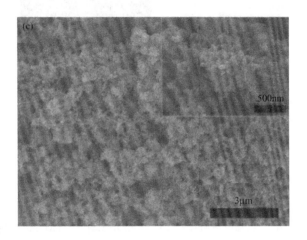
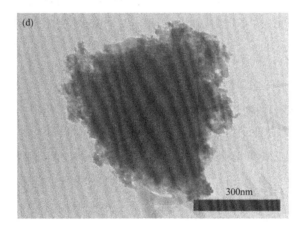
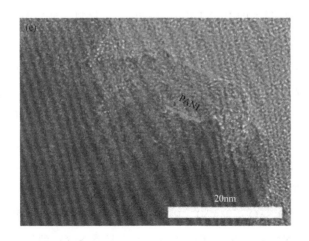

图 3.3

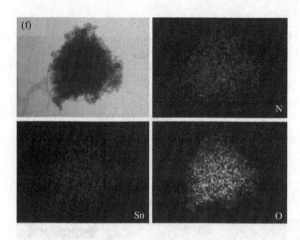

图 3.3 (a)~(c) 扫描电镜照片 (a) PANI 纳米纤维；(b) SnO_2 纳米颗粒；
(c) PASn20 复合物；(d)~(e) PASn20 复合物的透射
电镜和高分辨透射电镜照片；(f) PASn20 复合物的
N、Sn 和 O 的元素分布照片

合材料的电镜照片，PASn20 复合材料分散在 PANI 纳米纤维中形成导电网络，从局部放大照片中可以看到 PASn20 复合材料具有多孔的类球状结构。图 3.3(e) 的 TEM 电镜照片进一步阐明，在 SnO_2 纳米颗粒表面原位生长一层 PANI，在 PANI 和 SnO_2 纳米颗粒之间紧密结合。此外，图 3.3(f) 展示了 PASn20 复合材料的元素分布，照片显示 N 元素均匀地分布在 SnO_2 纳米颗粒表面。

图 3.4 是制得的 PANI 和 PASn20 复合材料在波数范围为 4000~500 cm^{-1} 的红外测试光谱。PANI 的主要特征吸收峰峰位置在 1568 cm^{-1}，1485 cm^{-1}，1294 cm^{-1}，1118 cm^{-1}，791 cm^{-1}。其中 1568 cm^{-1} 和 1485 cm^{-1} 处的吸收峰分别归属于醌环（N=Q=N）的 C=C 伸缩振动和苯式结构（N—B—N）的吸收振动。峰位置在 1294 cm^{-1} 处的吸收峰对应于 C—N 伸缩振动。1118 cm^{-1} 和 791 cm^{-1} 处的吸收峰分别代表苯环 C—H 面内和面外的弯曲振动。对比 PANI 和 PASn20 的红外谱图，PASn20 的红外特征吸收峰向更高的波数移动，峰位置分别在 1570 cm^{-1}，1488 cm^{-1}，1296 cm^{-1}，1120 cm^{-1}，793 cm^{-1}。

图 3.5 为 SnO_2、PANI、PASn20 的 XRD 谱图，从谱图中可以看到制得的 SnO_2 纳米颗粒的衍射峰与四角金红石结构 SnO_2 的标准卡片（JCPDS：41-1445）相一致，并且没有其他杂质峰存在，证明用水热的方法制备的 SnO_2 纳米材料是纯态的。但是 SnO_2 纳米颗粒的衍射峰是很弱的，这可能是由于

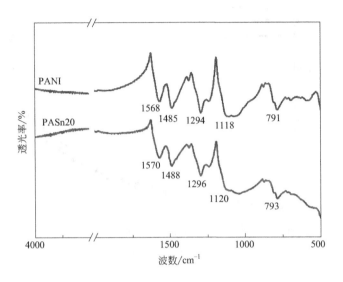

图 3.4　PANI 和 PASn20 复合材料的红外光谱

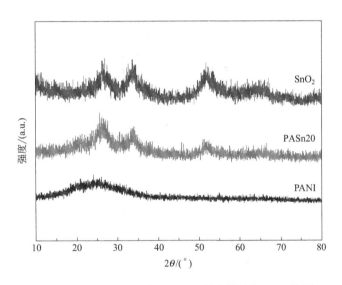

图 3.5　SnO_2、PANI 和 PASn20 复合材料的 XRD 谱图

SnO_2 晶粒生长的过程中磷酸的抑制作用。PANI 的 XRD 衍射峰的峰位置在 20°～30°，对应于 PANI 链的周期性排列。衍射峰呈现较弱的峰强度和较宽的峰宽，说明化学氧化聚合法制得的 PANI 的结晶性很差。PASn20 的 XRD 衍射峰与纯的 SnO_2 的衍射峰相似，这说明 SnO_2 与 PANI 复合后并没有改变 SnO_2 的结晶状态。

为了表征制得的复合材料的比表面积及微观孔结构，对制得的 PASn20 复合材料进行 N_2 吸附-脱附测试，测试结果如图 3.6 所示。图 3.6(a) 中 PASn20

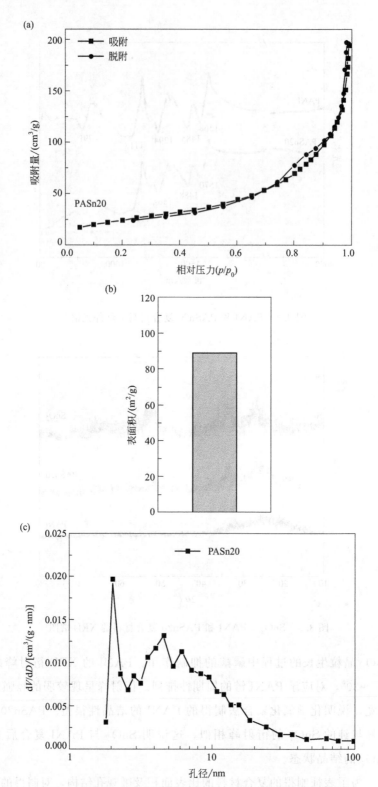

图 3.6 （a）PASn20 复合材料的 N_2 吸附-脱附等温线；
（b）PASn20 复合材料的 BET 比表面积；（c）PASn20 复合材料的孔径分布

复合材料的 N_2 吸附等温线在中压区间内出现了迟滞回线,这种迟滞回线通常在尺寸较均匀的球形颗粒聚集体中观察到,说明了材料的多孔结构。材料具有较高的比表面积（89.1m^2/g）,孔径分布主要集中在 2.1nm 和 4.6~6.1nm 处。因此,所制备的 PASn20 复合材料的特殊的微观结构和高的比表面积有利于提高材料的气敏性能。

3.4 气敏性能测试结果与讨论

为了比较和分析 SnO_2 纳米材料的添加量对复合材料的气敏性能的影响,测试了以 PANI、SnO_2 纳米颗粒和不同 SnO_2 添加量的 SnO_2@PANI 复合敏感材料的柔性传感器件在室温下的 NH_3 气敏特性。图 3.7 是不同器件在室温下对 10ppm NH_3 的响应特性。基于 PANI 敏感材料的传感器在室温下对 10ppm NH_3 的灵敏度是 1.2,这远远低于基于 SnO_2@PANI 复合敏感材料的传感器对 NH_3 的灵敏度。传感器的灵敏度随着 SnO_2 添加量的增加呈现出"上升-最高-下降"的趋势。基于 PASn20 敏感材料的传感器的气敏性能最好,在室温下对 10ppm NH_3 的灵敏度可以达到 5.6,是 PANI 传感器的 4.6 倍。另外,还需要注意的是,因为采用的衬底是没有叉指电极的 PET 衬底,所以以 SnO_2 为敏感材料的传感器在室温下检测不到灵敏度,将 SnO_2 传感器的灵敏度记为 1。

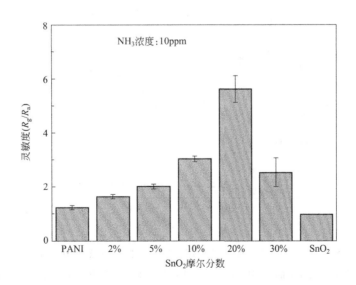

图 3.7　SnO_2 添加量（摩尔分数）对 PASnx 复合物传感器的气敏性能的影响

图 3.8(a) 描述了基于 PANI 传感器和基于 PASn20 敏感材料传感器在室温下对 NH_3 的动态响应-恢复特性曲线。两种传感器对 NH_3 的灵敏度均随着 NH_3 浓度的增加而逐步增加。对比两种传感器的气敏特性，不难发现 PASn20 传感器对 NH_3 的气体敏感特性要远远大于纯的 PANI 传感器，在室温下对 100ppm NH_3 的灵敏度可以达到 31.8，是纯的 PANI 传感器在室温下对 100ppm NH_3 的灵敏度（3.13）的十倍之多。此外，PASn20 传感器对较低浓度范围（10～200ppb）的灵敏度动态响应曲线见图 3.8(a)，构筑的基于 PASn20 敏感材料的传感器具有非常低的检测下限，检测下限为 10ppb（1.2～10ppb）。

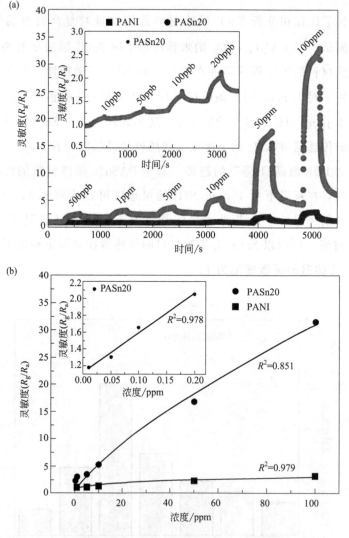

图 3.8 (a) 基于 PANI 和 PASn20 复合材料的传感器在室温下对不同浓度 NH_3 的动态响应曲线；(b) 基于 PANI 和 PASn20 复合材料的传感器在室温下对 NH_3 的灵敏度拟合曲线

基于20% SnO_2@PANI敏感材料的传感器与其他已经报道的传感器的性能对比见表3.1，本工作制备的传感器无论是在灵敏度上还是在检测限上都优于文献已报道的传感器。图3.8(b)展示了PANI传感器和PASn20传感器在不同浓度下对NH_3的灵敏度的拟合曲线，符合气体传感材料的典型拟合模型。并且从插图中可以看出，基于PASn20复合材料的传感器在浓度范围为10~200ppb时，灵敏度呈现线性关系，这有利于在低浓度范围内检测NH_3。

表3.3 本工作制备的基于20% SnO_2@PANI复合材料的传感器与其他文献报道的传感器的性能对比

材料	气体	温度/℃	响应值	检测限	响应公式
SnO_2@PANI	NH_3	室温	31.8(100ppm)	10ppb	$S=R_g/R_a$
SiO_2/PANI	NH_3	室温	23.6(300ppm)	400ppb	$S=(R_g-R_a)/R_a$
PANI-TiO_2-Au	NH_3	室温	123%(50ppm)	1ppm	$S=(R_g-R_a)/R_a\times100\%$
PANI	NH_3	0	26%(100ppm)	5ppm	$S=(R_g-R_a)/R_a\times100\%$
PANI/α-Fe_2O_3	NH_3	室温	72%(100ppm)	2.5ppm	$S=(R_g-R_a)/R_a\times100\%$
PANI/SnO_2	NH_3	室温	91%(100ppm)	10ppm	$S=(R_g-R_a)/R_a\times100\%$

选择性和响应-恢复速率作为气体传感器的重要性能指标，对于考察所制备敏感材料是否具有实际应用价值具有重要意义。为了检测材料的选择性，对PANI传感器和PASn20传感器在室温下对50ppm NH_3、甲醛、甲苯、丙酮、乙炔、乙烯、甲烷、CO进行测试，结果如图3.9(a)所示，以PASn20

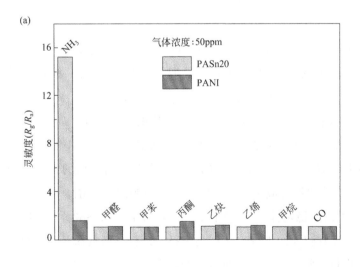

图3.9

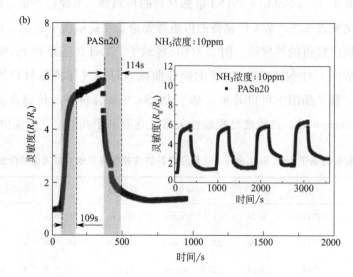

图 3.9 （a）基于 PANI 和 PASn20 敏感材料的传感器在室温下对 50ppm 不同气体的选择性；
（b）基于 PASn20 敏感材料的传感器在室温下对 10ppm NH_3 的响应-恢复特性曲线，
插图为 PASn20 传感器对 10ppm NH_3 的连续响应-恢复特性曲线

敏感材料构筑的传感器对 50ppm NH_3 的灵敏度要远远高于对其他干扰气体的灵敏度，说明本工作制备的传感器具有非常好的选择性。除此以外，还研究了以 PASn20 为敏感材料构筑的传感器在室温下对 10ppm NH_3 的响应和恢复特性。如图 3.9(b) 所示，响应和恢复时间分别为 109s 和 114s。图 3.9(b) 的插图为 PASn20 传感器在室温下对 10ppm NH_3 的连续响应-恢复曲线，传感器的灵敏度没有明显变化，证明构筑的 PASn20 传感器在室温下对 NH_3 具有很好的重复性能。

为了进一步考察以 20% SnO_2@PANI 为敏感材料构筑的传感器在环境中对湿度的耐受性以及传感器的长期稳定性，测试了构筑的传感器在 20%、40%、60%、80% 相对湿度下对 10ppm NH_3 的气敏特性，结果如图 3.10(a) 所示。结果显示，湿度对构筑的传感器的灵敏度有一定影响，灵敏度随着湿度的增加有少量的提高，这主要是"水对酸化 PANI 的再掺杂作用"和"水可以促进酸化 PANI 和 NH_3 的反应程度"共同作用的结果。因此在实际应用 PASn20 传感器时应考虑湿度的影响、控制湿度范围。以 PASn20 构筑的传感器 12 天内的稳定性结果如图 3.10(b) 所示，PASn20 传感器的灵敏度在最开始的 5 天有较大的下降，然后趋于稳定。传感器气敏性能下降主要是由于器件的老化和一些不稳定的吸收位点会消失。

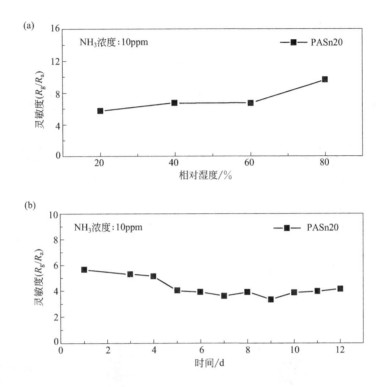

图3.10 (a) 基于PASn20敏感材料的传感器在相对湿度为20%～80%、室温下对10ppm NH_3 的灵敏度；(b) 基于PASn20敏感材料的传感器在室温下对10ppm NH_3 的长期稳定性

3.5 气体敏感机理讨论

基于PANI及其复合材料的NH_3传感器的气体敏感机理主要是PANI的质子化和去质子化过程对PANI电阻的影响。图3.11(a)是不导电的本征态PANI的结构和酸掺杂后导电态PANI的结构，理论上PANI的酸掺杂和去掺杂过程是完全可逆的。纯的PANI作为NH_3敏感材料，其气体敏感机理为：酸掺杂的PANI存在极化结构和双极化结构，此时具有较好的导电性。将传感器暴露到NH_3中，NH_3会夺取酸化PANI的H^+，使PANI从导电的聚苯胺盐态向不导电的聚苯胺碱态转变，因此电阻会大幅度增大。当将传感器重新放到空气中，PANI从不导电的聚苯胺碱态向导电的聚苯胺盐态转变，电阻降低。

对比以纯PANI为敏感材料构筑的传感器和以PASn20复合材料为敏感材料构筑的传感器的气敏性能测试，如图3.7和图3.8所示，能明显地看到，

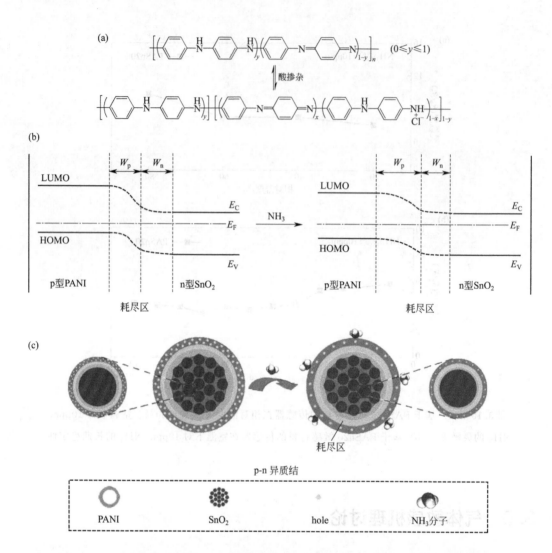

图 3.11 (a) 聚苯胺的分子结构;(b) SnO_2@PANI 复合材料在空气中和在 NH_3 中的能带图;
(c) SnO_2@PANI 复合材料的气体敏感机理

相对于 PANI 传感器,PASn20 传感器的 NH_3 气敏性能有极大提高。气敏性能的增强主要是由于材料的特殊的微观结构,这种结构具有较大的比表面积,PANI 和 SnO_2 之间形成的 p-n 异质结。具有较大比表面积的微观结构更有利于为气体的吸附和传输提供更多的活性位点,进而提高气体敏感特性。更为重要的是,p-n 异质结的形成能显著提高气体敏感特性。图 3.11(b) 和图 3.11(c) 阐述了酸化聚苯胺(PANIH$^+$)和 SnO_2 之间的相互作用。在空气中,PANIH$^+$ 的空穴和 SnO_2 的电子在扩散的作用下向中间扩散,在界面处形成一层耗尽层,电阻增大。此时耗尽层的宽度较窄,敏感材料仍然有较好的导电性和较低的电阻。当传感器放置到 NH_3 气氛下,NH_3 夺取 PANIH$^+$ 中

的 H^+，使耗尽层变宽，导致电阻增加。根据灵敏度的定义（$S=R_g/R_a$），p-n 异质结的形成能显著提高基于 SnO_2@PANI 敏感材料的传感器的气敏性能。

3.6 本章小结

制备了一系列以 SnO_2@PANI 复合材料为敏感材料、以柔性的 PET 为衬底的室温 NH_3 传感器，并通过 SEM、TEM、FTIR、XRD、N_2 吸附-脱附等方法表征其形貌和微观结构，除此以外，还测试了构筑的传感器的气敏特性，结论如下：

（1）制备的 SnO_2@PANI 敏感材料具有疏松的多孔结构和大的比表面积。这种结构有更多的活性位点，能促进敏感材料和 NH_3 的反应。

（2）气敏测试结果表明，以 20% SnO_2@PANI（PASn20）为敏感材料构筑的传感器具有最优异的气敏性能。PASn20 传感器在室温下对 100ppm 的 NH_3 的灵敏度为 31.8，是纯的 PANI 传感器的 10.3 倍。而且，制备的 PASn20 传感器对 NH_3 具有极好的选择性和可接受的响应-恢复速率，响应时间 109s，恢复时间 114s。最值得注意的是，制备的传感器具有低的检测下限，可检测到 10ppb 的 NH_3。

（3）相比于 PANI 传感器，PASn20 传感器气敏性能的增强主要是由于敏感材料具有比表面积较大的多孔结构以及 PANI 和 SnO_2 之间形成的 p-n 异质结。

第 4 章

基于聚苯胺复合三氧化钨敏感材料的室温 NH_3 传感器

第4章 基于聚苯胺复合三氧化钨敏感材料的室温 NH$_3$ 传感器

4.1 引言

三氧化钨（WO$_3$）作为一种典型的 n 型氧化物半导体材料，具有电阻较低、合成简单、制备成本低和污染小等特点，因此被广泛用作气体敏感材料。日本著名气体传感器专家 N. Yamazoe 认为影响氧化物半导体传感器的气体敏感性能的三个关键因素为：识别功能、转换功能和敏感体利用率。经过科学家们大量的研究发现，分等级结构可以提高气体传感器敏感材料的气敏特性。分等级结构为在特定环境下，简单的低维纳米单元按照一定规律的排列方式构成的具有特定几何形状的多维结构，这种结构不仅具有低维纳米单元的特点，而且具有纳米单元组装引发的耦合效应和协同效应，可以提高敏感材料敏感体利用率，进而提高材料的气敏性能。

本章研究内容：①首先制备了由纳米片组装的分等级花状 WO$_3$，然后通过原位化学氧化聚合法在 WO$_3$ 的表面生长 PANI 层，同时敏感材料装配到柔性的 PET 衬底上制备柔性室温 NH$_3$ 传感器；②用简单的一步水热法制备由纳米颗粒组装的分等级空心球状 WO$_3$，然后在空心球状 WO$_3$ 表面原位聚合 PANI 敏感层，在聚合的过程中加入 PET 衬底，制备可弯曲的室温 NH$_3$ 传感器。

4.2 基于花状 WO$_3$@PANI 敏感材料的室温 NH$_3$ 传感器

传感器敏感材料的形貌、结构能影响传感器敏感体的利用率。在本节中，采用水热法合成分等级花状 WO$_3$，结合原位化学氧化聚合法制备花状 WO$_3$@PANI 复合材料，对其形貌、化学官能团、结构等进行表征。同时对添加不同比例的 WO$_3$ 制备的花状 WO$_3$@PANI 复合敏感材料的气敏特性进行测试。

4.2.1 敏感材料的制备

本实验中所使用的化学药品均为分析纯且不经过进一步提纯（苯胺除外）。本实验主要药品及试剂列于表 4.1。

表 4.1　实验主要药品及试剂

化学试剂	规格
钨酸钠（$Na_2WO_4 \cdot 2H_2O$）	≥99.0%
氯化镍（$NiCl_2 \cdot 6H_2O$）	≥99.0%
苯胺（C_6H_7N, Ani）	≥95%
过硫酸铵（C_6H_7N, APS）	≥98.0%
硝酸（HNO_3）	70%
盐酸（HCl）	36%～38%

通过水热法制备花状 WO_3 纳米敏感材料的合成方法如下：将 1.3g $Na_2WO_4 \cdot 2H_2O$ 和 0.95g $NiCl_2 \cdot 6H_2O$ 分别溶解在 20mL 去离子水中，并不断搅拌 30min，然后将两溶液混合，继续搅拌 10min 使两溶液混合均匀。然后，将上述混合溶液转移到聚四氟乙烯内衬的高压反应釜中，160℃下水热反应 24h。将反应产物收集、洗涤、干燥后浸渍到 HNO_3 溶液中，不断搅拌，产物由绿色向黄色转变，再次收集、洗涤、干燥后在 500℃下煅烧，得到花状 WO_3 纳米材料。

花状 WO_3@PANI 纳米敏感材料是通过原位化学氧化聚合的方法制得的，合成步骤如下：将 0.2mmol 苯胺单体（减压蒸馏提纯）和一定量的花状 WO_3（摩尔分数为 0、2%、5%、10%、20%、50%）加入 20mL 浓度为 1mol/L 的盐酸中，并超声 30min，预冷。将 0.2mmol 过硫酸铵（APS）溶解在一定量的盐酸中，搅拌 30min，预冷。然后，将两溶液混合后在冰水浴中反应 2h。同时加入一片蒸镀 Au 叉指电极的 PET 柔性衬底（PET 尺寸：1cm×0.8cm×125μm）。在 PET 衬底上蒸镀的 Au 叉指电极的厚度、长度和宽度分别为 100nm、8.5mm 和 6mm，指宽为 0.2mm，指间距为 0.3mm。合成过程示意图如图 4.1 所示。离心收集、洗涤溶液中的沉淀，在 80℃干燥箱中干燥备用。根据花状 WO_3 的加入量，将制备的花状 WO_3@PANI 复合材料分别命名为 PANI、PAW2、PAW5、PAW10、PAW20、PAW50。制得的柔性薄膜器件用去离子水洗涤，室温下干燥。

4.2.2　敏感材料的表征及分析

对材料形貌、结构等的表征及对制备的柔性器件的气敏特性测试参考第 3

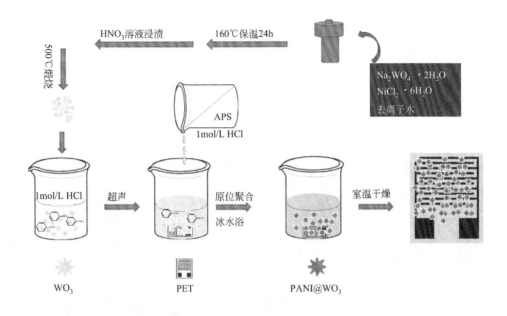

图 4.1 花状 WO₃@PANI 纳米复合薄膜制备过程示意图

章 3.3 节敏感材料表征部分。

通过 FESEM、TEM、HRTEM 表征纯的 PANI、花状 WO₃、花状 WO₃@PANI 纳米复合材料的形貌及微观结构，结果如图 4.2 所示。从图 4.2(a) 纯的 PANI 的 SEM 中可以看出，制备的 PANI 具有纳米纤维状结构，直径为 46nm，且制得的 PANI 纳米纤维具有良好的均匀性和分散性。图 4.2(b) 展示了制备的 WO₃ 的花状分等级结构，可以明显地看到花状 WO₃ 由一些厚度约为 50nm 的纳米片组装而成，这种分等级结构的花状 WO₃ 的生长遵循奥斯特瓦尔德熟化机理。在晶粒的生长过程中，晶核首先形成并逐渐生长，为了减小总的表面能，这些粒子进一步聚集成具有突起的结构，二次成核首先发生在这些突起的结构上，在晶粒周围定向生长许多的纳米片，最终长成由纳米片组装而成的花状结构。且花状 WO₃ 的分散性很好，无团聚现象，这就在材料之间形成了良好的堆积孔通道。从 PAW10 的 SEM[图 4.2(c)]可以看出，PANI 生长在花状 WO₃ 表面，使 WO₃ 纳米片的表面从光滑到粗糙。图 4.2(d) 和图 4.2(e) 是 PAW10 复合材料的透射电镜，进一步展示了 PAW10 复合材料的微观结构。从 TEM 照片中可以看出，半透明的 PANI 包裹在花状 WO₃ 表面，这与 SEM 的结果相一致。图 4.2(f) 和图 4.2(g) 展示了 PAW10 复合材料的高分辨透射电镜。从照片中能更清晰地观察到无定型的 PANI 生长在花状 WO₃ 的表面。图 4.2(g) 展示了花状

WO_3 的晶格间距为 0.386nm,对应于 WO_3 单斜晶相的 (002) 面。同时,还研究了添加不同量花状 WO_3 (摩尔分数) 的复合材料的形貌。从图 4.3 中可以看出,PAW20 复合材料、PAW50 复合材料相比 PAW2 复合材料和 PAW5 复合材料来说,具有较厚的 PANI 层。相对的,图 4.3(c) 和图 4.3(d) 展示了 PANI 不能完全生长在花状 WO_3 表面。因此,花状 WO_3 的添加量会影响复合材料的气敏性能。

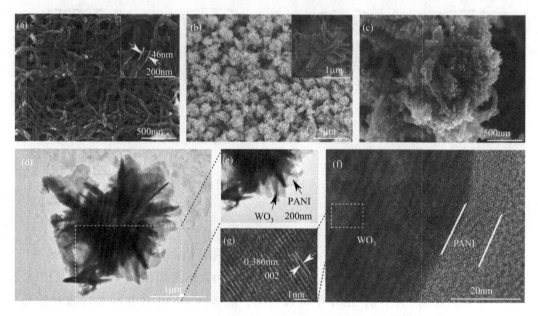

图 4.2 扫描电镜照片 (a) PANI;(b) 花状 WO_3;(c) PAW10 复合材料;
(d),(e) PAW10 复合材料的透射电镜照片;(f),(g) PAW10 复合材料的高分辨透射电镜照片

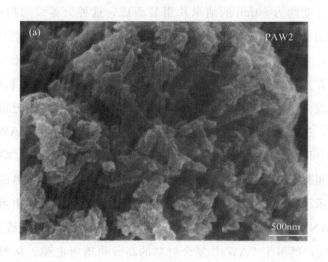

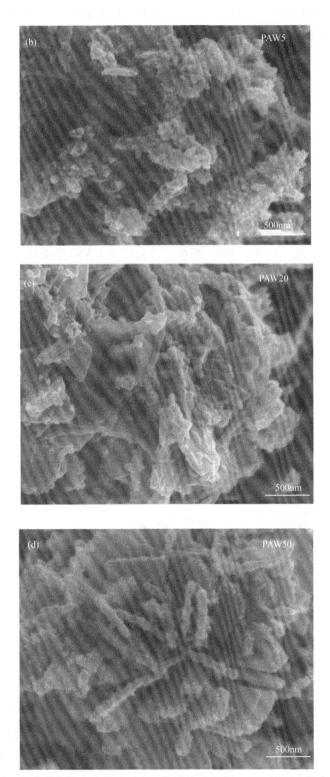

图 4.3 场发射扫描电镜照片 (a) PAW2 复合材料；(b) PAW5 复合材料；
(c) PAW20 复合材料；(b) PAW50 复合材料

通过傅里叶变换红外光谱（FTIR）分析表征纯的 PANI、花状 WO$_3$ 和 PAW10 复合材料的化学结构。图 4.4 给出了样品在波数范围为 4000～500cm^{-1} 的 FTIR 光谱。图 4.4（a）为 PANI 的 FTIR 谱图，峰位置在 1560cm^{-1}、1476cm^{-1}、1286cm^{-1}、1233cm^{-1}、1030cm^{-1} 的峰是 PANI 的红外特征峰。峰位置在 1560cm^{-1} 的峰为醌式结构的 N=Q=N 伸缩振动峰，而位置在 1476cm^{-1} 的吸收峰是苯式结构的 N—B—N 吸收振动峰。处于 1286cm^{-1}、1233cm^{-1} 的吸收峰分别代表了 C—N 和 C=C 的伸缩振动吸收峰。WO$_3$ 材料的 FTIR 谱图如图 4.4(c)，峰位置在 724cm^{-1}、807cm^{-1} 处是 W—O—W 的伸缩振动。与纯 PANI 的 FTIR 谱图相比，PAW10 复合材料的峰位置向高波数移动，峰位置分别在 1566cm^{-1}、1480cm^{-1}、1289cm^{-1}、1237cm^{-1} 处，如图 4.4(b) 所示，这是由于 PANI 和花状 WO$_3$ 之间的相互作用，表明了 PANI 和花状 WO$_3$ 的成功复合。

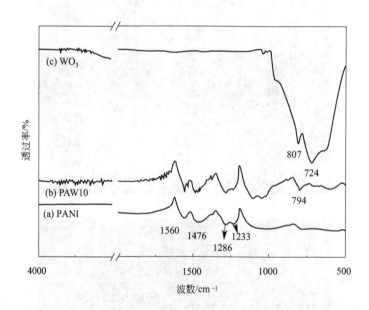

图 4.4　傅里叶变换红外光谱（a）PANI；（b）PAW10 复合材料；（c）花状 WO$_3$

通过 X 射线粉末衍射（XRD）分析表征纯 PANI、花状 WO$_3$ 以及 PAW10 复合材料的结晶状态。图 4.5(a) 的 XRD 谱图显示，纯的 PANI 在 $2\theta=20°\sim30°$ 处有一个又弱又宽的峰，为 PANI 链的周期性排列。花状 WO$_3$ 的 XRD 如图 4.5（c）所示，所有特征衍射峰都与 WO$_3$ 标准 JCPDS 卡（No.89-4476）相吻合，而且制备的花状 WO$_3$ 是单斜晶相。没有观察到其他与标准卡不符的衍射峰或杂质峰，这表明制备了纯相的花状 WO$_3$。图 4.5(b)

展示了 PAW10 复合材料的 XRD 谱图，与纯的花状 WO₃ 的特征峰相一致。然而，PAW10 复合材料的特征衍射峰的强度比纯的花状的 WO₃ 峰强要弱，这可能是在花状 WO₃ 表面原位聚合的一层无定型的 PANI 薄层的影响。

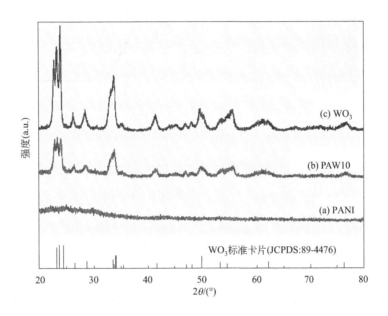

图 4.5　XRD 谱图（a）PANI；（b）PAW10 复合材料；（c）花状 WO₃

通过热重分析（TG）测试了纯的 PANI 和 PAW10 复合材料的热稳定性。如图 4.6 所示，纯的 PANI 和 PAW10 复合材料的热重曲线在 100℃ 之前显示出少量质量损失，这是由于材料表面吸附水的脱除。比较两材料的热重曲线，能明显看出 PAW10 复合材料的质量损失要小于纯的 PANI。对纯 PANI 来说，在 100～349℃ 之间逐渐失重，主要是由于酸化 PANI 的掺杂酸（HCl）的失去。349℃ 的拐点表明失重速率突变，此时 PANI 开始大量分解。当温度升高到 700℃ 时，纯的 PANI 在空气气氛中几乎全部分解。相对于纯的 PANI，PAW10 复合材料的质量损失更为缓慢，热分解速率的拐点在 402℃。当温度升高到 615℃ 时，材料剩余量保持恒定，为 38.8%，继续升高温度，质量不变。这说明花状 WO₃ 的加入以及 PANI 和花状 WO₃ 的结合提高了 PAW10 复合材料的热稳定性。

4.2.3　气敏性能测试结果与讨论

制备的纯 PANI、花状 WO₃ 和花状 WO₃@PANI 复合材料组装到柔性的

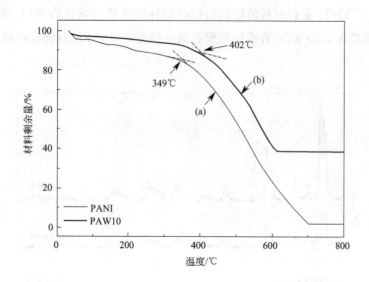

图 4.6 热重分析（a）聚苯胺；(b) PAW10

PET 衬底上构筑 NH_3 传感器，并在室温下研究其气敏性能。图 4.7 展示了 PANI 和不同添加比例的花状 WO_3@PANI 复合材料在室温下对 10ppm NH_3 的响应。结果表示纯的花状 WO_3 在室温下对 10ppm 的 NH_3 没有明显的敏感信号，纯的 PANI 的响应值约为 1.8。然而基于花状 WO_3@PANI 敏感材料

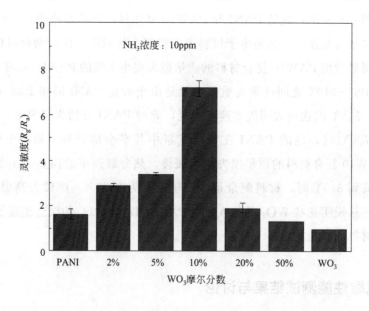

图 4.7 WO_3 添加量（摩尔百分比）对传感器灵敏度的影响

的传感性能随着花状 WO_3 添加量的增加明显呈现先上升后下降的趋势,当花状 WO_3 的添加量为 10% (摩尔分数) 时,材料的气敏性能最好,室温下对 10ppm NH_3 的灵敏度为 7.5。PAW20 复合材料和 PAW50 复合材料与 PAW10 复合材料相比,灵敏度降低的主要原因有以下两个方面:首先,过多的花状 WO_3 的添加量使得 PANI 不足以完全覆盖花状 WO_3 表面,这样就造成一定量的 NH_3 被吸附在 WO_3 表面,使参与反应的 NH_3 减少;另外,过量的花状 WO_3 能提供过量的电子,使 PANI 和花状 WO_3 之间的界面处的耗尽区变厚,导致灵敏度降低。因此添加过量的花状 WO_3 不利于增强花状 WO_3 @PANI 复合材料对 NH_3 的气敏特性。

图 4.8(a) 是基于单一 PANI、花状 WO_3 和花状 WO_3 @PANI 敏感材料的传感器在室温下对不同 NH_3 浓度 (0.5~100ppm) 的动态测试曲线,灵敏度随着 NH_3 的浓度增加而增加。PAW10 传感器在室温下对 100ppm NH_3 的响应值可以达到 20.1,比纯 PANI 传感器高 6 倍多。表 4.2 展示本工作制备的传感器和以前报道的传感器气敏性能的比较,明显地看出,本工作制备的基于 PAW10 敏感材料的传感器在室温下对 NH_3 表现出最佳的性能。因此,本章研究的将 PANI 和花状 WO_3 复合是改善传感器对 NH_3 气敏性能的有效方法。传感器的响应-恢复特性如图 4.8(b) 所示,响应时间是 13s,恢复时间 49s;传感器对 10ppm NH_3 的连续 5 次循环测试过程中表现出良好的再现性 [图 4.8(b) 的插图]。

表 4.2 基于 PAW10 敏感材料的传感器和之前报道部分传感器的性能比较

材料	气体	浓度/ppm	温度/℃	响应公式	响应值
PANI/WO_3	NH_3	100	室温	$S=R_g/R_a$	20.1
PANI	NH_3	100	室温	$S=(R_g-R_a)/R_a\times 100\%$	96%
PANI/GO/ZnO	NH_3	300	室温	$S=(I_a-I_g)/I_g$	1.307
Pt-WO_3	NH_3	200	125	$S=R_a/R_g$	13.61
V-WO_3	NH_3	500	700	$S=R_a/R_g$	14
Ni_2O_3-WO_3	NH_3	200	250	$S=R_a/R_g$	13.5
PANI/Pd	NH_3	500	室温	$S=R_g/R_a$	21.9
PANI-WO_3	NH_3	100	室温	$S=(R_g-R_a)/R_a\times 100\%$	158%

选择性是传感性能的重要指标,在室温下测试了基于纯 PANI 和 PAW10 敏感材料的传感器对各种气体在 10ppm 下的灵敏度,包括:NH_3、甲烷、乙醇、丙酮、甲苯、甲醛、H_2 和 CO,并将测试结果展示在图 4.9 中。测试结

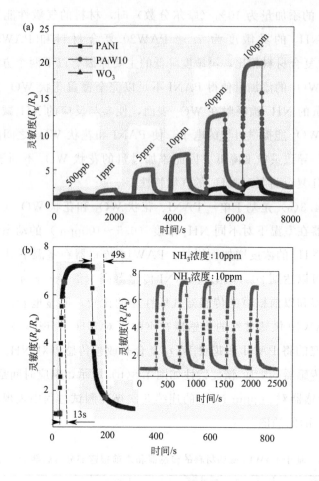

图4.8 (a) 基于纯PANI、花状WO_3和PAW10敏感材料的柔性装置在室温下对不同NH_3浓度的响应瞬变曲线；(b) PAW10传感器在室温下对10ppm NH_3的动态响应-恢复曲线

果表明，与其他测试气体相比，两种传感器对NH_3的灵敏度都最高，而且PAW10传感器对NH_3的选择性要比PANI传感器好很多，说明PANI与花状WO_3的复合不仅提高了材料对NH_3的灵敏度，还提高了选择性。

此外，测试了基于PAW10敏感材料的传感器的长期稳定性，考察了两周内传感器在室温下对10ppm NH_3的响应。图4.10所示的测试结果表明，在前一周内，响应值有明显下降，这可能是由膜的老化和不稳定吸附位点的消失所致。随后，传感器的灵敏度趋于稳定，约为初始响应值的50%。因此，提高基于导电高分子敏感材料的传感器的稳定性是将来研究的重要方向。

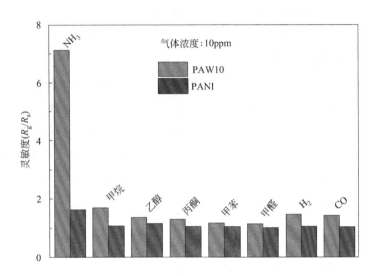

图 4.9 基于纯 PANI 和 PAW10 敏感材料的传感器室温下对不同气体的选择性

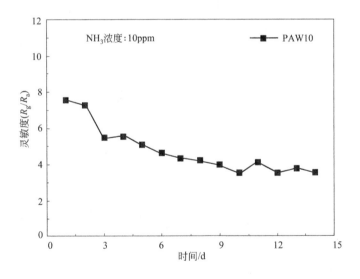

图 4.10 基于 PAW10 敏感材料的传感器的长期稳定性

4.2.4 气体敏感机理讨论

聚苯胺的分子结构和聚苯胺的三种氧化态如图 4.11(a) 和图 4.11(b) 所示。

对于具有全苯式结构的完全还原态（Eucoemeraldine，LEB，$y=1$），聚苯胺中的苯环与饱和胺连接，这阻止了分子链的共轭，此时带隙宽电子很难被激发。在具有"苯-醌"交替结构（pernigraniline，PE，$y=0$）的完全氧化态下，饱和胺被氧化成不饱和亚胺，N 原子的孤对电子易于与苯环上的电子形成大的共轭体系，从而增加体系的离域共轭程度。在某种程度上，电子带隙减小。然而，一般来说，两个未掺杂模型的带隙相对较大，不利于成键轨道上的电子跃迁，导致在室温下反键轨道上几乎没有电子。半氧化半还原结构（翠绿亚胺碱，EB，$y=0.5$），本征态，质子酸掺杂的可逆反应仅发生在该 EB 状态的醌式胺上（—N=）。图 4.11(c) 描绘了本征态 PANI 的掺杂和去掺杂的过程。

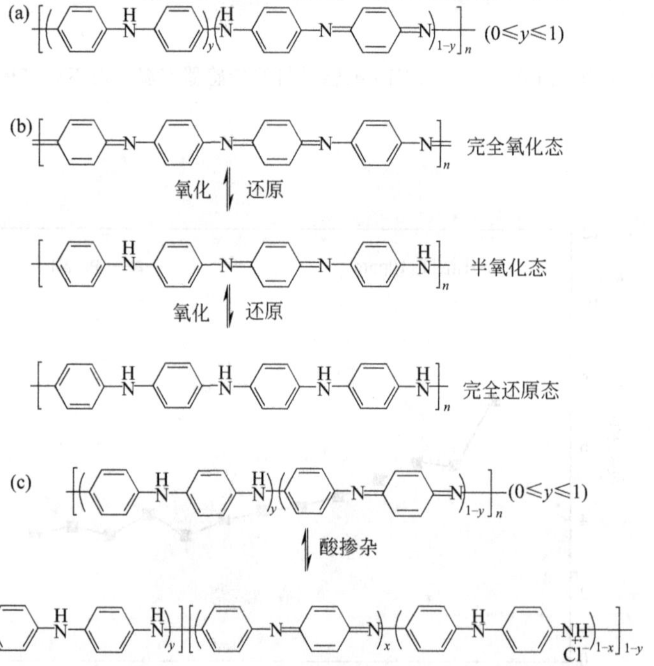

图 4.11 （a）聚苯胺的分子结构；（b）聚苯胺的三种氧化态；（c）聚苯胺的可逆酸掺杂的图示

酸化聚苯胺（$PANIH^+$）的敏感机理是质子化/去质子化过程，如图 4.11(c) 所示。本征态 PANI 是不导电的，质子酸掺杂可以大大提高 PANI 的导电性。与其他导电聚合物的掺杂不同，PANI 的掺杂过程不伴随主链中的电子得失。在酸掺杂过程中，H^+ 首先使亚胺上的氮原子质子化。该质子化过程在 PANI 链的掺杂段中产生空穴，即 p 型掺杂，形成稳定的非离域化的亚胺基。亚胺氮原子携带的正电荷通过共轭沿分子链扩散到相邻原子，从而提高了体系的稳定性。在外部电场的作用下，载流子（空穴）通过共轭 π 电子的共振在整个链段上移动，表现出导电性。当质子化的 PANI 暴露于 NH_3 时，NH_3 夺取来自 $PANIH^+$ 的氢离子，使酸化 PANI 去质子化，导致 PANI 从导电的翠绿亚胺盐状态部分转变为不导电的翠绿亚胺碱态，此时，空穴减少，电阻增加。相反，当传感器放置在空气气氛中时，该过程反方向进行。

如图 4.8(a) 所示，与单一 PANI 和花状 WO_3 传感器相比，PAW10 传感器的传感性能有明显改善，可以从以下两个方面来解释：首先，根据图 4.2(c) 所示 SEM 图，通过在花状 WO_3 表面生长 PANI 获得的 PAW10 复合材料之间会形成松散多孔的结构。这种结构利于吸附和扩散更多的 NH_3 分子，从而提高灵敏度；灵敏度提高的另一个更重要的原因是 p 型 PANI 和 n 型 WO_3 之间会形成 p-n 异质结。质子酸的掺杂会使 PANI 在价带中存在更多空穴，花状 WO_3 作为 n 型半导体具有大量的电子。当花状 WO_3 表面生长 PANI 时，花状 WO_3 中的电子和 PANI 中的空穴由于不同的费米能级而向相反方向扩散[图 4.12(a)]，扩散平衡时会在 PANI 和花状 WO_3 之间的异质界面上形成平衡的 p-n 异质结，如图 4.12(a) 和图 4.12(b) 所示，此时耗尽区较窄，导电通路宽，电阻低。当将 PAW10 敏感材料暴露于 NH_3 气氛中，NH_3 从酸化的 PANI 中夺取质子并破坏原始的平衡状态，PANI 和花状 WO_3 的异质界面处的耗尽层变宽，导电通道变得更窄，导致 PAW10 敏感材料电阻增大。因此，根据 p 型半导体的灵敏度定义（$S = R_g / R_a$），p-n 结的形成可以显著提高灵敏度。

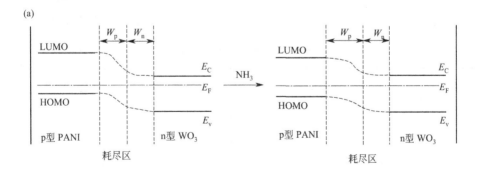

图 4.12

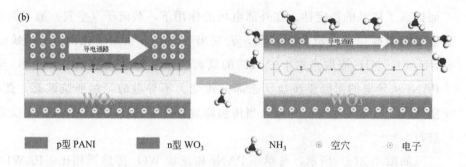

图 4.12 （a）花状 WO_3@PANI 复合材料在空气和 NH_3 中的能带结构图；
（b）花状 WO_3@PANI 复合材料的传感机理示意图

4.3 基于空心球状 WO_3@PANI 敏感材料的室温 NH_3 传感器

本节中通过简单的一步水热法合成空心球状 WO_3，结合原位化学氧化聚合的合成路线，成功制备一系列空心球状 WO_3@PANI 复合材料。通过在柔性 PET 薄膜上组装空心球状 WO_3@PANI 复合敏感材料构筑室温 NH_3 传感器，并探讨了基于空心球状 WO_3@PANI 敏感材料的传感器在室温下对 NH_3 的气敏性能。

4.3.1 敏感材料的制备

本实验中所使用的化学药品均为分析纯且不经过进一步提纯（苯胺除外）。本实验主要药品及试剂列于表 4.3，实验主要仪器设备参考表 3.2。

表 4.3 实验主要药品及试剂

化学试剂	规格
钨酸钠($Na_2WO_4 \cdot 2H_2O$)	≥99.0%
柠檬酸($C_6H_6O_7$)	≥95.0%
丙三醇($C_3H_8O_3$)	≥95%
苯胺(C_6H_7N, Ani)	≥95%
过硫酸铵(C_6H_7N, APS)	≥98.0%
盐酸(HCl)	36%～38%

通过简单的一步水热法合成空心球状 WO_3 纳米材料，步骤如下：在恒定搅拌的蒸馏水和丙三醇的混合溶液中加入 1g 钨酸钠和一定量的柠檬酸，随后

向混合溶液中滴加 3mL 4mol/L HCl，继续搅拌 20min。然后，将搅拌均匀的混合溶液转移到 50mL 聚四氟乙烯衬里的高压反应釜中，在 180℃下反应 24h。待反应完全并自然冷却到室温，离心收集沉淀并用去离子水和无水乙醇交替洗涤数次。在 80℃空气烘箱中干燥过夜后得到黑色产物，最后在马弗炉中 500℃烧结 3h，加热速率为 2℃/min，最后得到黄色空心球状 WO_3。

空心球状 WO_3@PANI（PAWHs）复合材料是通过原位化学氧化聚合法制得的，材料同时装配到柔性的聚对苯二甲酸乙二酯上（PET，尺寸：1cm×0.8cm）构筑传感器，制备流程如图 4.13 所示。首先采用水热法合成空心球状 WO_3；然后将 PET 衬底置于含有空心球状 WO_3、苯胺单体、HCl 和 APS 的混合溶液中；空心球状 WO_3@PANI（PAWHs）传感材料组装在 PET 基底上，构筑柔性传感装置。详细的实验步骤如下：将 0.2mmol 过硫酸铵（APS）加入 15mL 1mol/L HCl 中溶解，磁力搅拌 30min 后预冷；将一定量

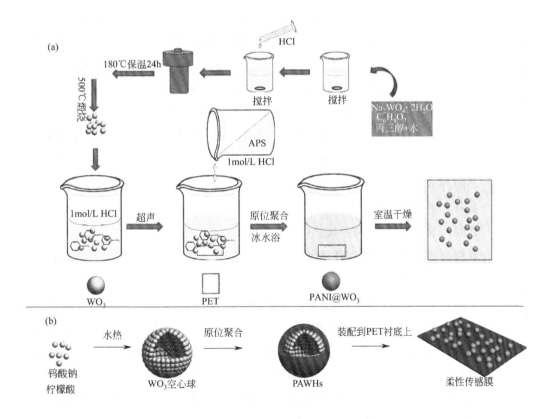

图 4.13　(a) 空心球状 WO_3@PANI 传感器的制备流程图；(b) 传感材料和传感装置形成的示意图

的制得的空心球状 WO_3 加入 1mol/L HCl 中，超声处理 10min 使空心球状 WO_3 更好地分散在盐酸中，WO_3 的添加量（摩尔分数）为 0、2%、5%、

10%、20%和30%；将0.2mmol苯胺（使用前蒸馏提纯）加入WO_3/HCl溶液中混合并继续超声30min；将氧化剂（APS/HCl）缓慢倒入Ani/HCl溶液中使苯胺聚合，同时将柔性PET膜置于混合溶液中，在冰水浴中反应2h；最后，反应后的装置置于空气环境中干燥过夜，收集沉淀物洗涤备用。制备的空心球状WO_3@PANI复合材料表示为PAWHsx，其中x表示WO_3的添加量（摩尔分数）。制备空心球状WO_3器件是通过旋涂法将空心球状WO_3涂覆到PET基底上，室温干燥。PET使用前经过氧等离子处理10min以增加其表面亲水性。

4.3.2 敏感材料的表征及分析

对材料形貌、结构等的表征及对制备的柔性器件的气敏特性测试参考第3章3.3节敏感材料表征部分。

通过FESEM和TEM观察制备的PANI、空心球状WO_3和PAWHs10复合材料的形貌和微观结构。从图4.14(a) PANI的SEM图像可以看出，PANI是均匀、连续的纳米纤维结构，直径约为30~40nm。空心球状WO_3的SEM图像[图4.14(b)]表明，制备的分等级结构的空心球状WO_3具有良好的分散性，直径约1.2μm，图中破碎的空心球状WO_3展示了WO_3的空心结构。从图4.14(b)的插图中展示的单个空心球状WO_3的高放大倍数FESEM图像可以看出，空心球状WO_3由WO_3纳米晶体粒子有序排列组成。图4.14(c)显示了聚合后得到的PAWHs10样品的SEM图像，PANI包裹在空心球状WO_3表面，证明了合成的PAWHs10样品具有"核-壳"纳米结构。PANI纳米纤维分散在空心球状WO_3@PANI复合材料之间，像"桥梁"一样连接PAWHs10纳米球体。此外，通过原位聚合生长在空心球状WO_3表面上的PANI呈现层状结构，不同于PANI的纳米纤维结构，证实空心球状WO_3的引入改变了PANI的结构。

用HRTEM表征PAWHs10复合材料的微观结构，图4.14(d)和图4.14(e)展示了WO_3的空心结构，壳厚度约为300nm，PANI层厚度约15.7nm，结果与SEM图像一致，进一步证明PANI原位生长在空心球状WO_3的表面。值得注意的是，PANI和空心球状WO_3之间没有间隙，这为PANI和空心球状WO_3之间形成p-n结提供了必要条件。根据空心球状WO_3的高分辨率TEM（HRTEM）图像，晶格间距为0.39nm，对应于单斜晶相WO_3（JCPDS卡号89-4476）的（002）晶面。此外，对PAWHs10样品进行了元素分布扫描，相应的EDS谱图如图4.14(f)所示，进一步显示了WO_3的空心结构和N元素分布在WO_3表面。

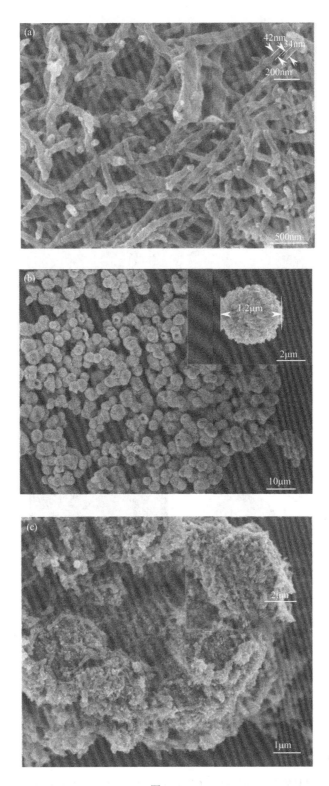

图 4.14

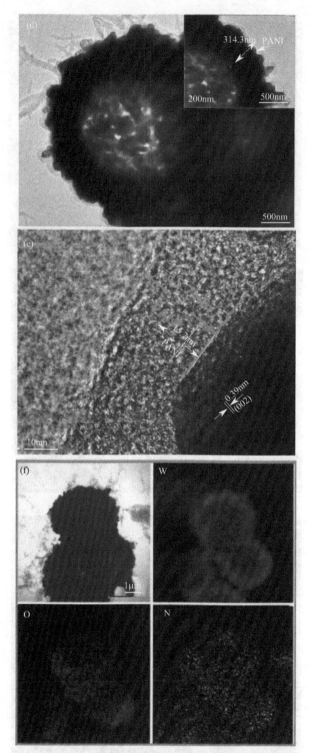

图 4.14 (a)～(c) (a) PANI 纳米纤维，(b) 空心球状 WO_3 和 (c) PAWHs10 复合材料的 FESEM 图像；(d)，(e) PAWHs10 复合材料的 TEM 和 HRTEM 图像；(f) PAWHs10 复合材料的 W、O 和 N 的 EDS 元素分布图

图 4.15 展示了合成的空心球状 WO_3、PANI 和 PAWHs10 复合材料的 FTIR 光谱，波数范围为 $4000\sim500\text{cm}^{-1}$。盐酸掺杂的 PANI 纳米纤维的主要特征峰 1559cm^{-1}、1475cm^{-1}、1288cm^{-1}、1102cm^{-1}、784cm^{-1}，其中 1559cm^{-1} 为醌环 N＝Q＝N 的伸缩振动，1475cm^{-1} 对应于苯式结构 N—B—N 的吸收振动。这两个吸收峰的强度可以反映 PANI 的氧化程度，代表醌式结构的峰强度越高，PANI 分子链的氧化程度越高。1288cm^{-1} 处的峰对应于苯式结构的 C—N 伸缩振动；1102cm^{-1}、784cm^{-1} 处的峰表示为苯环的 C—H 面内和面外弯曲振动。此外，位于 803cm^{-1} 和 586cm^{-1} 处的空心球状 WO_3 的峰与 W—O—W 伸缩振动有关。从 FTIR 谱图中观察到的 PAWHs10 的特征峰在 1565cm^{-1}、1486cm^{-1}、1294cm^{-1}、1120cm^{-1} 处，与纯 PANI 相比，特征吸收峰向更高的波数转移。结果表明，PAWHs10 复合材料的振动频率上升，导致特征吸收峰发生蓝移。这是由于 PANI 和空心球状 WO_3 复合，在 PANI 和空心球状 WO_3 的界面处形成耗尽区，减少了 P 区的空穴，增加了电阻，这与实验结果一致。吸收峰的强度没有显著变化，表明 PANI 和空心球状 WO_3 的复合不会影响分子链的氧化程度。

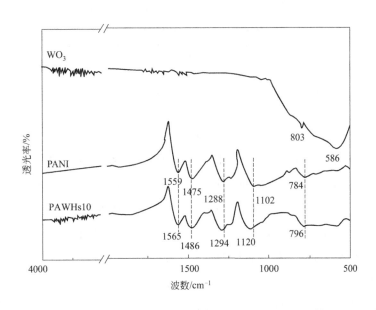

图 4.15　空心球状 WO_3，PANI 和 PAWHs10 复合材料的 FTIR 光谱

用 XRD 分析空心球状 WO_3、PANI 和 PAWHs10 复合材料的结晶性质（图 4.16）。合成的空心球状 WO_3 的 XRD 谱线中的所有衍射峰都与单斜晶相

WO_3 标准卡片（JCPDS：89-4476）相一致，并且没有观察到其他杂质峰[图 4.16(a)]，说明合成了纯相的空心球状 WO_3。WO_3 在 $2\theta = 23.0°$、$23.5°$、$24.3°$、$33.1°$、$34.0°$ 处的衍射峰分别归属于 WO_3（JCPDS：89-4476）的 (002)、(020)、(200)、(022)、(220) 面。图 4.16(b) 中 PANI 的 XRD 谱线在 $2\theta = 20° \sim 30°$ 处的宽且弱的峰与聚合物链的周期性排列有关。PAWHs10 复合材料的特征衍射峰[图 4.16(c)]，与空心球状 WO_3 的所有特征峰峰位置一致，峰强度较弱，这可能是生长在空心球状 WO_3 表面的 PANI 的影响。

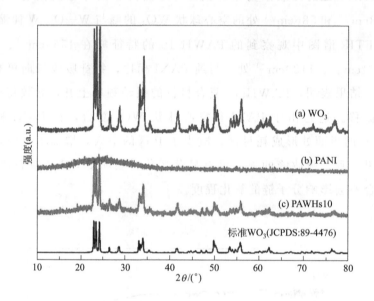

图 4.16　(a) 空心球状 WO_3；(b) PANI；(c) PAWHs10 复合材料的 XRD 谱图

PANI 和 PAWHs10 复合材料的紫外-可见吸收谱图如图 4.17 所示。对 PANI 和 PAWHs10 复合材料的吸收归因于电荷转移-激发，如从最高占据分子轨道（HOMO）到最低的未占分子轨道（LUMO）。对于 PANI 吸收谱，位于约 430nm（2.89eV）的吸收峰归属于 πB-πR 跃迁（苯环 π 轨道到极化子带）。在掺杂的 PANI 中，极化子跃迁是由于形成极化子和双极化子。极化子和双极化子可以在相对较低的能量下引发 π-π^* 跃迁，同时出现极化子和双极化子带。在 670nm（1.85eV）处的峰归属于醌环的 n-π^* 跃迁；对于 PAWHs10 复合材料吸收谱，与 PANI 相比，在 $330 \sim 460$nm（$3.76 \sim 2.7$eV）的极化子跃迁的峰值显示出蓝移，这是由于极化子减少，PAWHs10 复合材料的能带带隙变宽。这与 PAWHs10 传感器的初始电阻高于 PANI 传感器的初始电阻的实验结果相一致。在 UV-vis 光谱中，HCl 对 PANI 和 PAWHs10 掺杂都会产生极化子带。总结来说，吸收波长的变化表明 PANI 和空心球状

WO_3 之间存在相互作用，PAWHs10 复合材料中存在电子转移。

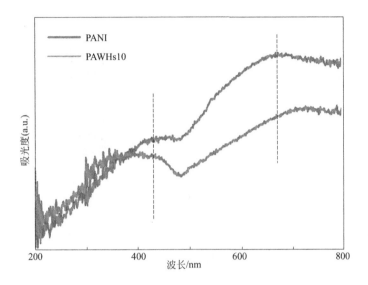

图 4.17　PANI 和 PAWHs10 复合材料的紫外-可见吸收光谱

通过 N_2 吸附-脱吸测试表征了 PAWHs10 复合材料的比表面积和孔结构。N_2 吸附等温线、孔径分布和 PAWHs10 复合材料的 BET 比表面积如图 4.18 所示。结果表明，制备的 PAWHs10 复合材料具有较高的比表面积（82.0m^2/g），孔径分布分别集中在 3nm 和 4.2～5.5nm。说明制备的 PAWHs10 敏感材料具有介孔结构，有利于气体吸附和传输，从而提高材料的气体敏感性能。

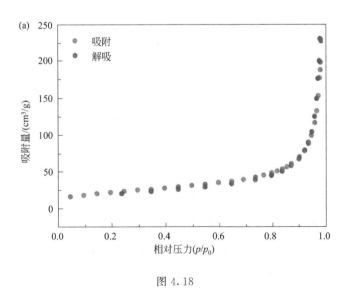

图 4.18

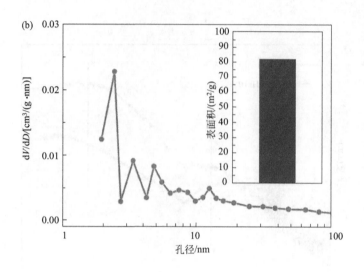

图 4.18 （a）PAWHs10 复合材料的 N_2 吸附脱附等温线；（b）孔径分布

4.3.3 气敏性能测试结果与讨论

首先，在室温下测试了基于纯 PANI、PAWHs2～PAWHs30、纯空心球状 WO_3 的传感器对 10ppm NH_3 的响应值，如图 4.19 所示。结果表示，基于 PANI 敏感材料的传感器的响应值为 1.75，低于基于空心球状 WO_3@PANI 敏感材料的传感器的响应值。显然，空心球状 WO_3 的添加量对 PAWHsx 敏感材料的性能有很大影响，随着空心球状 WO_3 的增加，传感器的响应值显示出"增加-最大-减小"的趋势。基于 PAWHs10 敏感材料的传感器具有最好的性能，在室温下对 10ppm NH_3 的响应值为 6.25，是 PANI 传感器的 3.6 倍。此外，基于纯空心球状 WO_3 敏感材料的传感器在室温检测不到电阻信号，这是由于空心球状 WO_3 电阻太大，用于制备传感器的 PET 衬底没有电极，因此检测不到电信号。

图 4.20(a) 显示了 PANI 和 PAWHs10 传感器对不同浓度 NH_3 的动态响应-恢复曲线，插图展示了器件的实时电阻变化曲线，室温下电阻随着 NH_3 浓度（500ppb～100ppm）的增加逐步增加。相对于 PANI 传感器，PAWHs10 传感器对 NH_3 的气敏特性有明显的提高，对 100ppm NH_3 的响应值为 25。而且，图 4.20(b) 所示的 PANI 传感器和 PAWHs10 传感器的"响应值-气体浓度"拟合曲线符合典型的指数模型。

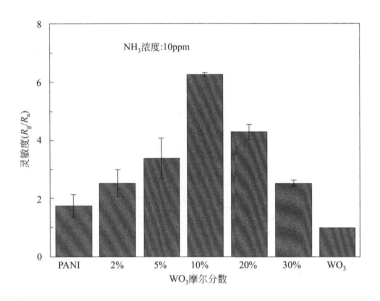

图 4.19 空心球状 WO_3 的添加量对 PAWHsx 传感器敏感性能的影响

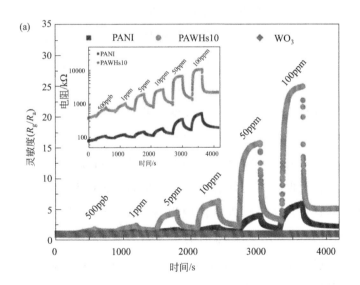

图 4.20

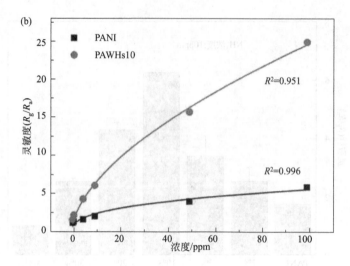

图 4.20 （a）基于 PANI 和 PAWHs10 敏感材料的传感器在 20℃下对不同浓度 NH_3 的动态响应-恢复曲线；（b）PANI 传感器和 PAWHs10 传感器在 20℃下与 0.5～100ppm NH_3 的拟合曲线

选择性是气体传感特性的重要指标，基于 PANI 和 PAWHs10 敏感材料的传感器在室温下对各种气体的响应结果如图 4.21（a）所示，包括 NH_3、苯、甲苯、丙酮、乙醇胺、CO、SO_2 和 NO_2。PAWHs10 传感器对 NH_3 表现出优异的选择性。传感器对 NH_3 优异的选择性与质子化的 PANI 的电导率有关，MacDiarmid 提出，当用质子酸掺杂 PANI 时，亚胺基团上的氮原子优先质子化。该质子化过程在 PANI 的掺杂链段中形成空穴，以形成稳定的离域共轭大 π 键。此时 PANI 具有良好的导电性。当传感器暴露在 NH_3 中时，NH_3 可以夺取—NH^+—基团上的质子形成铵离子，而 PANI 本身则转变为不导电的碱态。当除去 NH_3 气氛时，该过程反向进行。根据这种特殊的气体传感机制，PANI 传感器对 NH_3 具有良好的选择性，PAWHs10 传感器中形成的 p-n 结放大了这种效应。图 4.21（b）中，PAWHs10 传感器的响应和恢复时间分别为 136s 和 130s，插图中为传感器在室温下对 10ppm NH_3 连续测试五次的循环曲线，可以看到，响应值保持在相对稳定的水平。因此，PAWHs10 传感器在室温下具有可接受的重复特性。

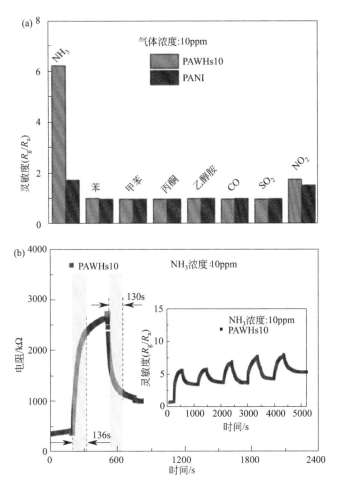

图 4.21 （a）基于 PANI 和 PAWHs10 敏感材料的传感器在 20℃时对 10ppm 的各种气体的响应值；
（b）PAWHs10 传感器对 NH_3 的响应-恢复曲线

PAWHs10 敏感材料的传感器在 20%～80% 的相对湿度范围内的初始电阻和对 10ppm NH_3 的灵敏度如图 4.22 所示。实验结果表明，随着相对湿度的增加，传感器的初始电阻降低，对 NH_3 的响应有所提高。初始电阻的降低是由于在 PANI 链上吸附的水分子作为质子源可以提高 PANI 的掺杂水平以增加其电导率。灵敏度的提高是因为，当暴露于 NH_3 时，系统中存在如下三个反应：

$$NH_3 + PANIH^+ \rightleftharpoons NH_4^+ + PANI$$

$$NH_3 + H_2O \rightleftharpoons NH_4^+ + OH^-$$

$$H_2O \rightleftharpoons H^+ + OH^-$$

当置于 NH_3 气氛中时，NH_3 一方面可以夺取酸化 PANI 的质子，将导电的翠绿亚胺盐转化为不导电的翠绿亚胺碱；另一方面，溶解在水中的 NH_3 可以抑制水对 PANI 的掺杂，实现去掺杂，产生的 OH^- 同时可以从酸化的 PANI 中捕获质子。这些反应不仅促进了 NH_3 的反应程度，而且增强了酸化 PANI 的去质子化，导致响应值随着相对湿度的增加而略微提高。

PAWHs10 传感器在室温下对 10ppm NH_3 连续测试 20 天的响应值结果如图 4.22(c) 所示，响应值有所下降，这是由材料的老化和不稳定吸附位点的消失所致。

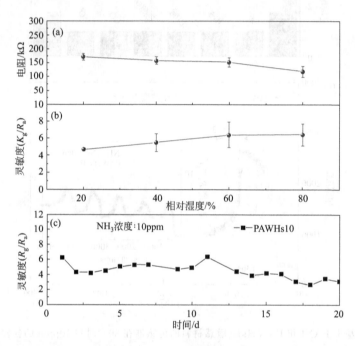

图 4.22 基于 PAWHs10 敏感材料的传感器在 20℃下对 10ppm NH_3 在 20%～80%相对湿度范围内的
(a) 空气中的初始电阻和 (b) 传感器的响应值；(c) 传感器的长期稳定性

4.3.4　气体敏感机理讨论

关于 PANI 分子链的结构、氧化状态、气敏机理详见"4.2.4 气体敏感机理讨论"部分。图 4.19、图 4.20 所示的实验结果表明，与 PANI 传感器相比，PAWHs10 传感器的气敏性能有了很大的提高。主要归功于两个方面：第一，PAWHs10 敏感材料具有空心结构和较大的比表面积，这种空心结构有利于气体的吸附和扩散，从而提高材料的敏感性能；第二，也是更重要的原因，PANI 和空心球状 WO_3 之间形成 p-n 异质结。如图 4.23 所示，该过程中，

PANIH$^+$中的空穴和空心球状WO$_3$中的电子相对迁移直至达到平衡状态,并在PANI和空心球状WO$_3$的异质界面处形成窄的耗尽层。此时,耗尽层虽然降低了载流子浓度,但是气敏材料仍然具有宽的导电通道。当传感器置于NH$_3$气氛中时,NH$_3$夺取PANIH$^+$中的质子并破坏原始平衡状态,导致耗尽层变厚并且载流子浓度进一步降低,导电通路变窄,电阻显著增大。因此,在PANI和空心球状WO$_3$之间形成p-n异质结可以显著提高气体传感性能。

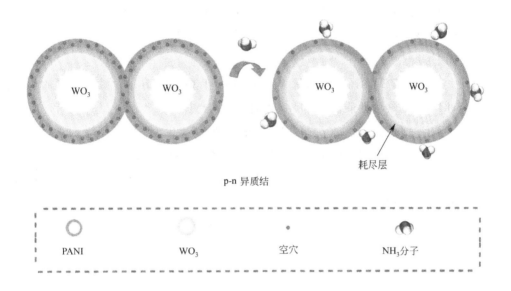

图4.23　PAWHsx敏感材料的传感机制示意图

4.4　本章小结

在本章中,以WO$_3$为基础分别合成了花状WO$_3$分等级结构和空心球状WO$_3$分等级结构,以PET为衬底,原位化学氧化聚合构筑了基于花状WO$_3$@PANI敏感材料和空心球状WO$_3$@PANI敏感材料的室温柔性NH$_3$传感器,并研究了基于这两种材料的传感器在室温下的气敏特性。

在第一部分中,以钨酸钠和氯化镍为原料,通过水热法制备分等级结构花状WO$_3$,花状WO$_3$由纳米片组装而成,然后通过原位聚合制备花状WO$_3$@PANI复合材料,并沉积到柔性PET衬底上构筑室温NH$_3$传感器,对其气敏性能进行表征,结论如下:

(1) 以花状 WO_3@PANI 为敏感材料制备的传感器比以 PANI 为敏感材料制备的传感器的气敏性能有显著增强，基于 10% 花状 WO_3@PANI 敏感材料（PAW10）的传感器具有最佳的气敏特性。

(2) PAWHs10 传感器在室温下对 100ppm NH_3 的响应值为 20.1，响应时间 13s，恢复时间 49s，检测下限为 500ppb，同时具有出色的选择性和重复性。

在第二部分中，用原位碳模板法，在水和丙三醇溶液中加入钨酸钠和柠檬酸，水热法一步合成空心球状 WO_3，通过原位聚合制备空心球状 WO_3@PANI 敏感材料，以 PET 为衬底构筑室温 NH_3 传感器。气敏性能测试结果如下：

(1) 基于 10% 空心球状 WO_3@PANI（PAWHs10）敏感材料的传感器对 NH_3 的气敏性能优于基于其他材料的传感器。

(2) 传感器对 100ppm NH_3 的响应值高达 25，响应时间为 136s，恢复时间 130s，检测下限为 500ppb，还具有出色的 NH_3 选择性。

以上结果表明，设计和制备具有花状结构、空心球结构的敏感材料可以增强敏感材料的气敏性能，而且 PANI 与 WO_3 复合在界面处形成 p-n 异质结是制备高性能室温 NH_3 传感器的有效策略。

第 5 章

基于聚苯胺复合 Au-介孔氧化铟敏感材料的室温 NH_3 传感器

5.1 引言

实际上,除了通过设计材料的形貌和结构来提升气敏性能以外,也可以通过贵金属如 Au、Pd、Ag 等担载。氧化铟(In_2O_3)作为典型的 n 型半导体,具有相对低的电阻、容易自组装成为多孔纳米球结构等特性,在气敏材料领域被广泛使用。

本章中,通过水热法合成介孔 In_2O_3 纳米球,然后 Au 担载介孔 In_2O_3 纳米球,结合原位化学氧化聚合法制备 Au-介孔 In_2O_3 纳米球@PANI 核-壳纳米敏感材料,以柔性 PET 为衬底构筑柔性室温 NH_3 传感器。气敏性能测试结果表明 1%(质量分数)Au-20%(摩尔分数)介孔 In_2O_3 纳米球@PANI 核-壳纳米敏感材料(PAIn20A1)具有最优异的 NH_3 敏感性能,室温下具有高灵敏度、优异的选择性、低检测下限等性能,在用于 NH_3 检测的柔性电子器件领域具有潜在的应用价值。

5.2 敏感材料的制备

本实验中所使用的化学药品均为分析纯且不经过进一步提纯(苯胺除外)。本实验主要药品及试剂列于表 5.1,实验主要仪器设备参考表 3.2。

表 5.1 实验主要药品及试剂

化学试剂	规格
氯化铟($InCl_3 \cdot 4H_2O$)	≥99.5%
尿素[$CO(NH_2)_2$]	≥99.0%
苯胺(C_6H_7N,Ani)	≥99.5%
过硫酸铵(C_6H_7N,APS)	≥98.0%
柠檬酸($C_6H_8O_7$)	≥70%
盐酸(HCl)	36%~38%

通过水热法合成介孔 In_2O_3 纳米球,实验过程如下:将 1.5mmol $InCl_3 \cdot 4H_2O$ 加入 70mL 去离子水中,磁力搅拌使其溶解;然后向上述溶

液中依次加入 3mmol 柠檬酸和 20mmol 尿素，并在室温下继续搅拌 30min；随后，将上述溶液转移到 100mL 聚四氟乙烯衬里的不锈钢高压釜中，在 130℃的恒温烘箱中反应 12h；待反应釜自然冷却至室温，收集所得沉淀并用去离子水和乙醇交替离心洗涤数次；在 80℃下干燥 8h 以上，然后在空气气氛的马弗炉中 500℃煅烧 3h 得到介孔 In_2O_3 纳米球。通过湿法浸渍法制备 Au 担载介孔 In_2O_3 纳米球［担载量（质量分数）为 0.5%、1.0% 和 2.0%］：将 0.1mL $HAuCl_4 \cdot 3H_2O$ 和 200mg 中孔 In_2O_3 纳米球溶解在 20mL 乙醇中，将混合溶液保持在 40℃下搅拌直至乙醇挥发完全，产物在 300℃下煅烧 2h 后获得 Au-介孔 In_2O_3 纳米球。

使用原位化学氧化聚合法制备 Au-介孔 In_2O_3 纳米球@PANI 核-壳纳米敏感材料（PAInxAy）并同时在 PET 衬底上构筑传感器，具体方法：将 0.2mmol 过硫酸铵（APS）溶解在 1mol/L 盐酸中磁力搅拌 30min，放置在冰水浴中预冷得到溶液 A；将 0.2mmol 苯胺单体（使用前蒸馏提纯）和不同量的 Au-In_2O_3 纳米球（In_2O_3 纳米球摩尔分数分别为 0、2.5%、5%、10%、20% 和 30%）加入 15mL 1mol/L HCl 中，超声波处理 30min，得到溶液 B；APS/HCl 溶液（溶液 A）作为氧化剂缓慢加入溶液 B 中，同时加入一片柔性 PET 膜（没有额外的电极，尺寸：$1cm \times 0.8cm \times 125\mu m$），在冰水浴中保持反应 2h；收集沉淀、洗涤、干燥。制备的 Au-介孔 In_2O_3 纳米球@PANI 核-壳纳米敏感材料表示为 PAInxAy，其中 PA、In、A 分别代表 PANI、介孔 In_2O_3 纳米球和 Au，x、y 表示 In_2O_3（摩尔分数）和 Au（质量分数）的量。合成工艺图如图 5.1 所示。作为对比，纯 PANI 器件以相同方法制备，仅仅不添加介孔 In_2O_3 纳米球；通过旋涂法在 PET 基底上制备介孔 In_2O_3 纳米球和 Au-介孔 In_2O_3 纳米球器件。

图 5.1　制备 Au 担载介孔 In_2O_3 纳米球@PANI 核-壳纳米混合物（PAInxAy）的工艺流程图和传感装置的制作

5.3 敏感材料的表征及分析

通过 FESEM 和 TEM 表征制备的 In_2O_3 纳米球、纯 PANI 和 1% Au-20%介孔 In_2O_3 纳米球@PANI 核-壳纳米复合材料（PAIn20A1）的形貌和结构。从图 5.2(a)、图 5.2(d) 中可以看出制备的 In_2O_3 纳米球具有介孔结构，直径为 130~160nm。PANI 的 SEM 图像 [图 5.2(b)] 表明，PANI 是一种纳米纤维状结构，直径约 40~50nm，相互之间形成网络结构。对于 PAIn20A1 复合材料，我们可以看到 PANI 包裹在 Au-In_2O_3 的表面上形成核-壳纳米球结构 [图 5.2(c) 和图 5.2(d)]。此外，通过 HRTEM 研究 PAIn20A1 复合材料的详细信息列于图 5.2(e)，In_2O_3 纳米球的晶格间距为 0.418nm 和 0.295nm，对应于立方相 In_2O_3（JCPDS 卡号 6-416）的（211）晶面和（222）晶面。1% Au-介孔 In_2O_3 纳米球的元素分布如图 5.2(f) 所示，Au 担载在 In_2O_3 表面。

通过 FTIR 光谱表征分析 In_2O_3 纳米球、1% Au-In_2O_3 纳米球、PANI 和 PAIn20A1 的化学结构。图 5.3 展示 In_2O_3 纳米球的吸收峰位于 597cm^{-1}、562cm^{-1} 和 536cm^{-1}，归属于 In—O 的吸收，1% Au-In_2O_3 纳米球的吸收峰位于 596cm^{-1}、561cm^{-1} 和 535cm^{-1}，比 In_2O_3 纳米球的峰位置向低波数偏移，是由于 Au 对 In_2O_3 的作用。PANI 的主要特征峰位于 1564cm^{-1}、1486cm^{-1}、1293cm^{-1}、1109cm^{-1} 和 791cm^{-1} 处 [图 5.3(a)]，在 1564cm^{-1}、1486cm^{-1} 和 1293cm^{-1} 处的特征峰对应于醌式结构（N=Q=N）的伸缩振动，苯式结构（N—B—N）的吸收振动和 C—N 伸缩振动。此外，1109cm^{-1} 和 791cm^{-1} 处的峰位置分别归属于 C—H 面内和面外的弯曲振动。在 PAIn20A1 复合材料中同时观察到 PANI 和 1% Au-In_2O_3 的特征吸收峰，这表明 PAIn20A1 的成功合成[图 5.3(a)]，而且与 PANI 和 1% Au-In_2O_3 纳米球相比，PAIn20A1 的特征峰移向更低的波数，这可能是由 PANI 和 1% Au-In_2O_3 纳米球之间的共轭引起的[图 5.3(b)]。

通过 XRD 表征了 PANI、In_2O_3 纳米球、1% Au-In_2O_3 纳米球和 PAIn20A1 复合材料的晶体结构，结果如图 5.4 所示。图 5.4(a) 中位于 20°~30°的宽衍射峰为 PANI 聚合物链的周期性排列。In_2O_3 纳米球的衍射峰与立方相 In_2O_3 的标准卡（JCPDS：6-416）完全一致，没有观察到任何杂质峰，表明制备了高纯度的 In_2O_3 纳米球[图 5.4(b)]。与图 5.4(b) 相比，在 Au-In_2O_3 纳米球和 PAIn20A1 的 XRD 谱图中观察到位于 38.2°处的峰，对应于立方 Au 相（JCPDS：4-784）[图 5.4(c)和图 5.4(d)]。

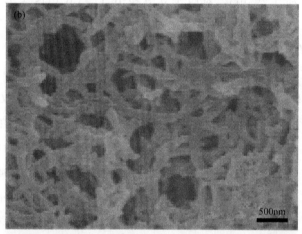

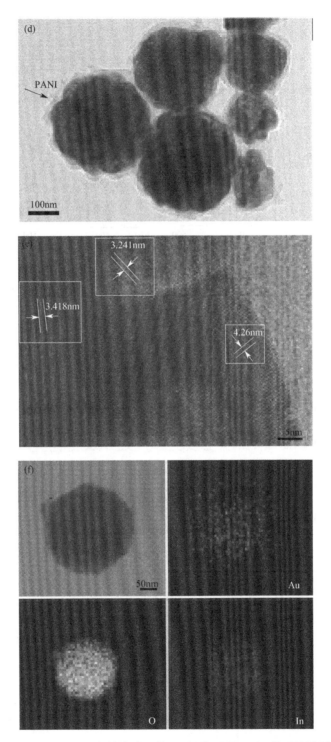

图 5.2 （a）～（c）In_2O_3 纳米球、纯 PANI 和 PAIn20A1 的 FESEM 图像；
（d）PAIn20A1 的 TEM 图像；（e）Au-介孔 In_2O_3 纳米球的 HRTEM 图像；
（f）Au-介孔 In_2O_3 纳米球的 Au、In 和 O 的 EDS 元素分布图

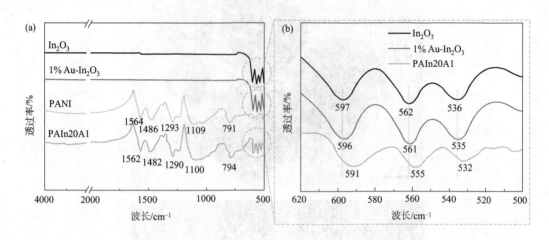

图 5.3 (a) In_2O_3 纳米球、1% $Au-In_2O_3$ 纳米球、PANI、PAIn20A1 的 FTIR 光谱；(b) 部分放大图

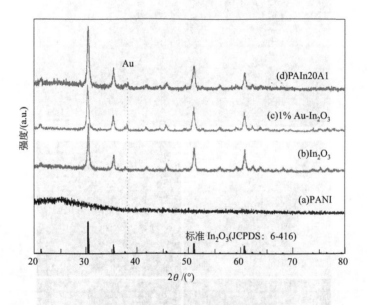

图 5.4 (a) PANI；(b) In_2O_3 纳米球；(c) 1% $Au-In_2O_3$ 纳米球和 (d) PAIn20A1 复合材料的 XRD 谱图

为了研究添加 In_2O_3 纳米球和 1% $Au-In_2O_3$ 纳米球对 PANI 化学键的影响，通过 XPS 分析了 PANI、PAIn20 和 PAIn20A1 的化学基团信息（图 5.5）。从图 5.5(a) 中我们可以看到三种材料都主要由 C，N，O 和 In 元素组成。图 5.5(b) 和 (c) 显示了 PAIn20 和 PAIn20A1 中 In 3d 的高分辨率谱图，In 3d 谱图显示了两个峰，结合能分别为 444.70eV 和 452.2eV，分别对应 In 3d5/2 和 In 3d3/2 的特征自旋轨道分裂状态。

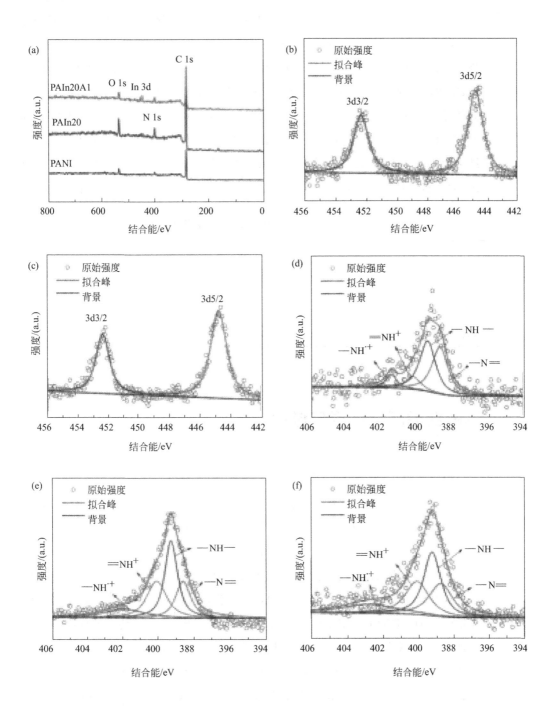

图 5.5 三种样品的 XPS 谱图 （a）整体分布图；(b)，(c) In 3d；(d)～(f) N 1s

图 5.5(d)～(f)分析了 PANI、PAIn20 和 PAIn20A1 的 N 1s 高分辨谱图，位于 398.1eV、399.3eV、400.1eV 和 402.0eV 的峰分别归属于样品的醌型胺（—N＝）、苯型胺（—NH—），双极化子态带正电荷的亚胺（＝NH$^+$—）和极化子态中的质子化胺（NH$^{·+}$）。N 的化学基团信息总结在表 5.2 中，显然，PANI 的苯式胺（—NH—）高于 PAIn20 和 PAIn20A1，导致 PANI 的传感性能较差。质子化氮原子的百分比从 0.18（PANI）增加到 0.41（PAIn20）和 0.42（PAIn20A1），质子化氮原子增多可以促进电子转移和灵敏度的提高。结果表明，酸化 PAIn20 和 PAIn20A1 的氧化程度和质子化程度均高于酸化 PANI，这可能与 PANI 与 In_2O_3 和 Au-In_2O_3 纳米粒子之间的相互作用有关。

表 5.2　PANI、PAIn10 和 PAIn20A1 化学元素占比

样品	化学基团			
	—NH—	—NH＝	＝NH$^+$—	—NH$^{·+}$
PANI	0.42	0.40	0.1	0.08
PAIn10	0.25	0.34	0.25	0.16
PAIn20A1	0.20	0.38	0.28	0.14

5.4　气敏性能测试结果与讨论

研究了基于纯 PANI、介孔 In_2O_3 纳米球、Au-In_2O_3 纳米球、PAInx 和 PAInxAy 构筑的平面式传感器在室温下对 NH_3 敏感特性。测试了介孔 In_2O_3 纳米球（摩尔分数）和 Au（质量分数）的添加量对传感器敏感性能的影响，图 5.6 总结了构筑的传感器对 100ppm NH_3 的响应值。PANI 传感器在室温下对 100ppm NH_3 的响应值为 3.2，低于其他复合材料，复合介孔 In_2O_3 纳米球可以提高传感器的灵敏度。当固定 Au 的担载量时，随着介孔 In_2O_3 纳米球添加量的增加，PAInx、PAInxA0.5、PAInxA1、PAInxA2 传感器的响应值均呈现"增大-最大-减小"的趋势，基于 PAIn10、PAIn20A0.5、PAIn20A1 和 PAIn5A2 的传感器在室温下对 100ppm NH_3 显示出最高的响应值分别为 9.6、18、46 和 29.6。其中，基于 PAIn20A1 的传感器在室温下对 100ppm NH_3 显示出最高的响应值 46，比纯 PANI 高约 14 倍。在室温下不能检测到基于 In_2O_3 纳米球和 Au-In_2O_3 纳米球的器件的电阻信号，这是由于我们采用的是没有电极的 PET 衬底。

测量基于 PANI、PAIn10、PAIn20A0.5、PAIn20A1 和 PAIn5A2 的传感

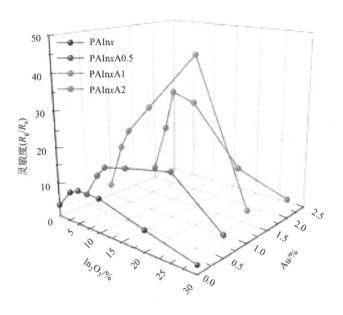

图 5.6 In_2O_3 纳米球和 Au 的添加量对 PAInxAy 传感器传感性能的影响

器在室温下对 0.5～100ppm 范围内的不同浓度的 NH_3 的响应瞬变曲线。如图 5.7(a) 所示,传感器的响应值随着 NH_3 浓度的增加呈阶梯状上升,基于 PAIn20A1 的传感器对 NH_3 的灵敏度明显高于其他传感器。图 5.7(b) 是 PAIn10、PAIn20A0.5、PAIn20A1 和 PAIn5A2 传感器对 5ppm NH_3 的稳定性测试,结果表明传感器通过五个可逆循环测试后灵敏度没有明显衰减,具有良好的重复性。

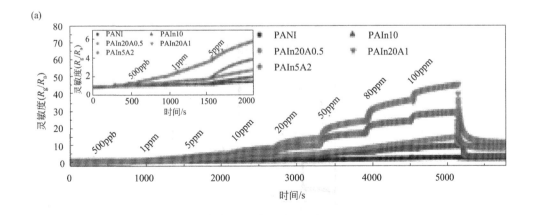

图 5.7

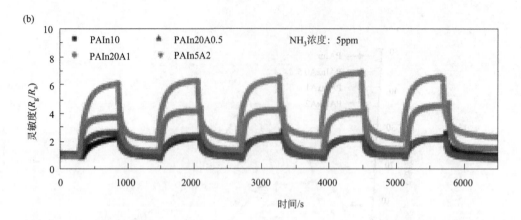

图 5.7 (a) 基于纯 PANI、PAIn10、PAIn20A0.5、PAIn20A1 和 PAIn5A2 的传感器在室温下对不同浓度的 NH_3 的瞬变响应曲线；(b) PAIn10、PAIn20A0.5、PAIn20A1 和 PAIn5A2 在室温下对 5ppm NH_3 的动态响应-恢复曲线

考察了 PAIn20A1 传感器在室温下对 5ppm NH_3 的传感器的响应和恢复特性，图 5.8(a) 的结果显示，该传感器在室温下对 5ppm NH_3 的响应时间和恢复时间分别约为 118s 和 144s，因为是室温下测试，响应时间和恢复时间通常略长，因此制备的传感器的响应-恢复速率是可接受的。选择性是评估气体传感器性能的重要指标，图 5.8(b) 给出了构筑的 PAIn20A1 传感器对几种干扰气体在室温下的响应值，包括 NH_3、NO、甲醛、苯、甲苯、丙酮（10ppm），以及乙烯、甲烷（100ppm）。对比发现，与其他测试气体相比，PAIn20A1 传感器对 NH_3 表现出优异的选择性。

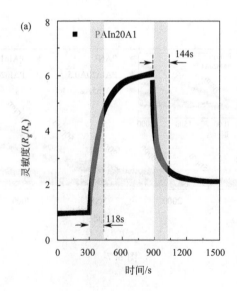

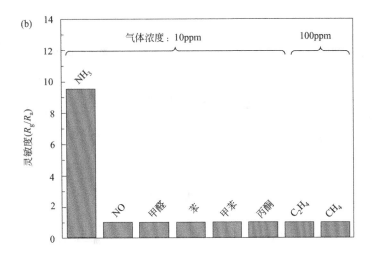

图 5.8 （a）PAIn20A1 传感器在室温下对 5ppm NH_3 的响应-恢复时间；
（b）PAIn20A1 传感器在室温下对不同气体的响应值

为了进一步探讨湿度对 PAIn20A1 传感器气敏特性的影响，在室温下测试了该传感器在不同相对湿度（20%～98%）条件下对 10ppm NH_3 的响应。图 5.9（a）中的结果表明，湿度对 PAIn20A1 传感器的气敏性能有较大的影响，响应值随着相对湿度的增加而增大，主要原因为水对 PANI 的进一步掺杂和水能促进 NH_3 的反应程度（详见 "3.4 气敏性能测试结果与讨论" 部分）。通过测试两周内响应值的每日变化，考察该传感器在室温下对 5ppm NH_3 的稳定性。从图 5.9（b）可以看出，基于 PAIn20A1 的传感器对 5ppm NH_3 的响应值在最初一段时间（约 6 天）逐渐降低，接下来达到稳定的状态。长期稳定性测试过程中气敏性能的下降归因于薄膜老化和不稳定吸附位点的消失。

此外，通过测试 PAIn20A1 传感器在弯曲状态下和弯曲-恢复后的响应值变化，评估了构筑的柔性室温传感器的柔性性能。图 5.10（a）中 PAIn20A1 薄膜在未弯曲状态和弯曲状态下对 10ppm NH_3 的动态响应-恢复曲线显示，弯曲时灵敏度有一定程度的降低。但是，在重复 20、40、60、80、100 次的弯曲释放循环下灵敏度没有明显变化[图 5.10（b）]，说明传感器在弯曲释放后，能保持好的稳定状态。

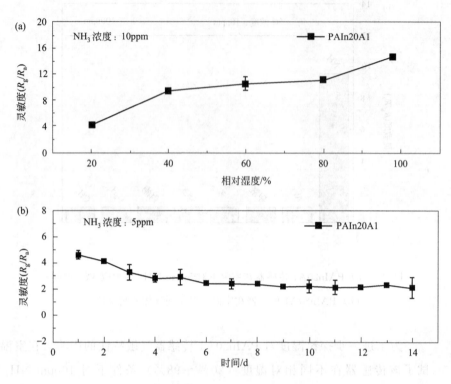

图 5.9 （a）PAIn20A1 传感器在不同相对湿度条件下的响应值；
（b）传感器在室温下对 5ppm NH$_3$ 的长期稳定性

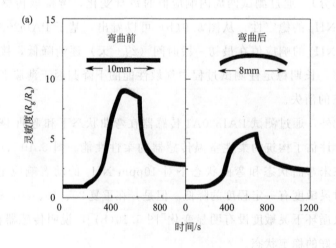

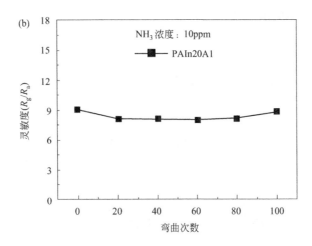

图 5.10 （a）PAIn20A1 薄膜在未弯曲状态和弯曲状态下对 10ppm NH_3 的动态响应-恢复曲线；
（b）反复弯曲释放循环下的稳定性试验

5.5 气体敏感机理讨论

关于 PANI 的分子链结构、氧化状态、气敏机理详见 "4.2.3 气敏性能测试结果与讨论" 部分。实验结果（图 5.6 和图 5.7）表明，基于 PAInx 和 PAInxAy 的传感器比基于纯 PANI 的传感器具有更好的气敏性能。传感性能的提高归因于 In_2O_3 的影响和 Au-In_2O_3 的协同效应。广泛接受的气敏机理是在 p 型 PANI 和 n 型 In_2O_3 的界面处形成 p-n 异质结和 Au 的催化作用。一方面，PANI 生长在介孔 In_2O_3 纳米球表面形成核-壳结构，在 In_2O_3 和 PANI 界面处形成耗尽层，平衡状态时耗尽层很窄。当传感器置于 NH_3 气氛中时，NH_3 夺取酸化的 PANI 的质子，破坏原始的平衡状态，耗尽区变宽，导致传感器电阻增加 ［图 5.11］；另一方面，Au 担载介孔 In_2O_3 纳米球@PANI 核-壳敏感材料的气敏性能明显优于介孔 In_2O_3 纳米球@PANI 核-壳敏感材料，表明 Au 能有效提高敏感性能。性能增强机理为贵金属的溢出机理。Au 经常被用作表面催化活性的催化剂。NH_3 分子可能在 Au 表面扩散，并进一步吸附在 Au(111) 表面，NH_3 的 p 轨道与金原子的 d 轨道相互作用（$NH_3 \longrightarrow NH_2+H$；$NH_2 \longrightarrow NH+H$；$NH \longrightarrow N+H$），产生的氢原子具有高还原性，促进与 PANI 的有效反应。因此，Au 可以有效提高材料灵敏度。综上，1％ Au-20％介孔 In_2O_3 纳米球@PANI 核-壳纳米复合材料

（PAIn20A1）中，p-n 结的形成和 Au 的催化作用可以大大提高敏感材料室温下对 NH_3 的敏感性。

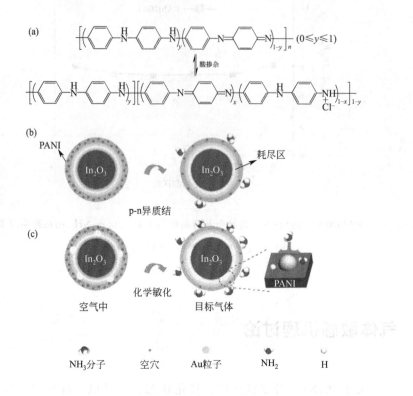

图 5.11 （a）聚苯胺的分子结构模型；（b）介孔 In_2O_3 纳米球@PANI 核-壳敏感材料和（c）Au-介孔 In_2O_3 纳米球@PANI 核-壳敏感材料的传感机理示意图

5.6 本章小结

本章重点考察了 Au 担载对敏感材料气敏性能的影响。首先制备了具有介孔结构的 In_2O_3 纳米球，通过水热法制备了不同 Au 担载量的 Au-介孔 In_2O_3 纳米球，最后原位化学氧化聚合制备了介孔 In_2O_3 纳米球@PANI 核-壳结构敏感材料和 Au-介孔 In_2O_3 纳米球@PANI 核-壳结构敏感材料，以 PET 为衬底构筑室温 NH_3 传感器。通过对气敏性能测试得出以下结论：

（1）相对于 PANI 传感器，基于介孔 In_2O_3 纳米球@PANI 核-壳结构敏感材料的传感器的气敏性能有显著提高，而 Au 担载改性可以进一步提高传感器的气敏性能。基于 1% Au-20% 介孔 In_2O_3 纳米球@PANI 核-壳纳米敏感材料（PAIn20A1）的气敏性能最好。

（2）PAIn20A1 传感器在室温下对 100ppm NH_3 的响应值为 46，比纯 PANI 和 PAIn10 传感器的响应值高 14 倍和 4 倍，同时，该传感器还具有可接受的响应/恢复速率（118s/144s）、低检测下限（500ppb）、出色的选择性。传感器在弯曲释放后，能保持好的稳定状态。

（3）传感性能的提高归因于 PANI 与介孔 In_2O_3 纳米球之间形成的 p-n 结的作用和 Au 的催化作用。因此，该传感器在柔性电子和可穿戴电子器件领域有潜在的应用价值。

第 6 章

基于红毛丹状聚苯胺空心球复合氧化石墨烯敏感材料的室温 NH_3 传感器

6.1 引言

影响材料气敏性能的主要因素包括：材料种类、晶粒尺寸、形貌结构、比表面积、掺杂、复合等。前面章节中介绍了 PANI 复合金属氧化物半导体对材料气敏性能的影响，又对比了金属氧化物半导体的形貌结构以及 Au 担载对材料气敏性能的影响。本章中将讨论通过调控 PANI 的形貌，制备红毛丹状 PANI 空心球，同时引进石墨烯，探讨石墨烯对材料气敏性能的影响。

PANI 的气体传感器的气敏性能与材料的形貌结构有关，因此，可以通过调节和控制 PANI 的形貌以增强敏感性能；例如，在苯胺聚合过程中使用硫酸作为酸掺杂剂，获得 PANI 的颗粒团聚体；在盐酸溶液中聚合，优先形成 PANI 纳米棒结构；通过静电纺丝法制备 1D PANI 纳米纤维；通过模板法合成 3D 大孔反蛋白石结构 PANI。由于 PANI 空心结构具有密度低、比表面积大、气体透过性强等优点，能缩短电荷和质量的传输距离，在不同领域受到重点关注。然而，即使制备 PANI 空心结构，仅使用单一 PANI 开发具有高灵敏度、快速响应-恢复速率和低检测限的室温 NH_3 传感器仍然是一个巨大的挑战。氧化石墨烯（GO）作为一种二维片层碳材料，由于其高比表面积、快速电子传输动力学，容易进行化学改性，固有的柔性和二维共轭结构同样引起人们对其作为气敏材料的高度重视。此外，GO 表面上丰富的含氧官能团促进了 GO 和苯胺单体的结合，并通过原位聚合使 GO 表面生长 PANI 膜。受上述结果的启发，尝试合成一种特殊结构的红毛丹状 PANI 中空纳米球（PANIHs），这种材料表面具有更多的活性位点，由此制备了 GO-红毛丹状 PANIHs 敏感材料，进一步提高传感特性。

我们首次通过原位聚合法合成了一系列氧化石墨烯(GO)-红毛丹状 PANIHs（GPA）敏感材料，并同时沉积到柔性且廉价的 PET 基材上构筑室温 NH_3 传感器。传感器具有良好的灵敏度、选择性、快速响应-恢复速率以及低检测限。此外，还讨论了敏感材料的气体传感机理。

6.2 敏感材料的制备

本实验中所使用的化学药品均为分析纯且不经过进一步提纯（苯胺除外）。本实验主要药品及试剂列于表 6.1，实验主要仪器设备参考表 3.2。

表 6.1 实验主要药品及试剂

化学试剂	规格
N,N-二甲基甲酰胺(C_3H_7NO,DMF)	≥95.0%
苯乙烯(C_8H_8)	≥99.5%
苯磺酸钠($C_8H_7SO_3Na$)	≥99.5%
碳酸氢钠($NaHCO_3$)	99.995%
过硫酸钾($K_2S_2O_8$)	99.5%
苯胺(C_6H_7N,Ani)	≥95%
过硫酸铵(C_6H_7N,APS)	≥98.0%
硫酸(H_2SO_4)	98%
盐酸(HCl)	36%～38%
硝酸(HNO_3)	70%

(1) 磺化聚苯乙烯球的制备

聚苯乙烯（PS）球用乳液聚合法合成。方法如下：将 30mL 苯乙烯，0.25g（苯磺酸钠）和 0.15g 碳酸氢钠溶于 300mL 蒸馏水中，溶液在 70℃下搅拌 1h。然后将 0.15g 过硫酸钾加入上述溶液中，用流体混合器在 70℃、N_2 气氛下剧烈搅拌 6h。将所得产物用蒸馏水和乙醇洗涤数次，并在 50℃的干燥烘箱中干燥 8h，得到粉末状产物。将 0.2g 得到的样品加入 2mL 浓硫酸中超声 1h，得到良好的分散体，然后在 40℃下搅拌 6h。最后，通过离心、洗涤和在 50℃下干燥获得磺化 PS 球。

(2) 红毛丹状 PANI 空心球和 GO-红毛丹状 PANI 空心球敏感材料的制备

通过原位化学氧化聚合法，以磺化 PS 球为模板，合成了红毛丹状 PANI 空心球和 GO-红毛丹状 PANI 空心球。步骤如下：将 0.2mmol 苯胺（在使用前蒸馏）和 0.1mL 磺化 PS 球（分散于蒸馏水中，20.8mg/mL）溶解在 20mL 1mol/L HCl 溶液中，超声处理 30min。然后将不同质量比（0、0.2、0.5、1、2）的 GO/苯胺加入上述溶液中，继续超声处理 30min。将 APS 溶液（0.2mmol 溶于一定量 1mol/L HCl 中搅拌 30min）缓慢加入上述混合溶液中，同时加入一片 PET 衬底（不含电极），聚合反应过程在冰浴中保持 2h。离心收集、洗涤产物，将产物和 PET 膜浸入 DMF 溶剂中保持 12h，除去 PS 模板，然后在 1mol/L HCl 中浸泡 6h 重新掺杂。制备的 GO-PANI 分别表示为 PANIHs、GPA0.2、GPA0.5、GPA1、GPA2。图 6.1 为合成过程的示意图。

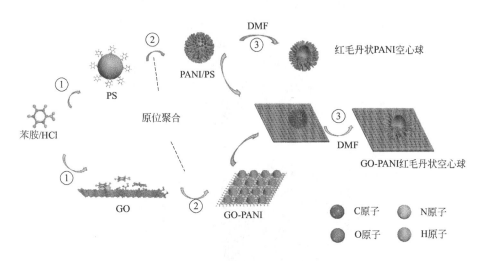

图 6.1 GO-PANIHs 复合膜的制备示意图
①声波 30min；②加入 APS/HCl 和在冰水浴中原位聚合 2h；
③浸入 DMF 中以去除 PS 球模板

6.3 敏感材料的表征及分析

通过 FESEM 和 TEM 对红毛丹状 PANI 空心纳米球、GO 和 GPA0.5 的形貌和结构进行了表征，如图 6.2 所示。结合图 6.2(a) 和图 6.2(b) 的 SEM 和 TEM 电镜可以观察到，制备的 PANI 是均匀的球体，直径约为 400~500nm，表面生长大量的纳米棒，中间空心直径约为 250nm、纳米棒阵列的长度约为 100nm，这种红毛丹状的空心结构有利于增加材料的比表面积和吸附位点。图 6.2(c) 和图 6.2(d)（插图）显示 GO 在聚合反应之前表面是光滑的，反应之后表面粗糙，而且从图 6.2(d) 中可以看出 PANI 与 GO 结合在一起。在 GO 表面生长 PANI 可能是通过静电吸引将苯胺离子吸附在 GO 的表面上，当添加 APS 时，在 GO 表面发生聚合反应。

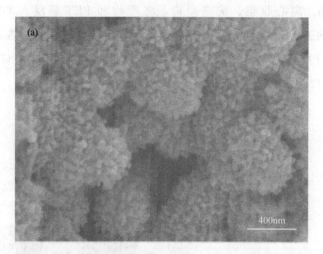

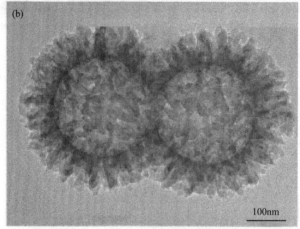

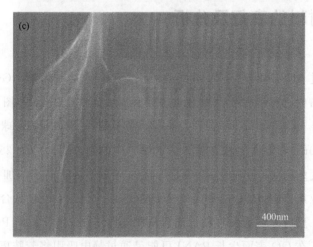

第6章 基于红毛丹状聚苯胺空心球复合氧化石墨烯敏感材料的室温NH$_3$传感器

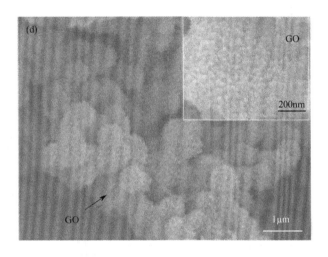

图 6.2 (a),(b)PANIHs 的 FESEM 图像和 TEM 图像；(c) GO；(d) GPA0.5 复合材料的 FESEM 图像

用 FTIR 表征红毛丹状 PANI 空心纳米球、GO 和 GO-红毛丹状 PANI 空心纳米球复合材料的化学结构，如图 6.3 所示。对于 GO 的红外谱图，在 1725cm^{-1}、1618cm^{-1}、1045cm^{-1} 的峰归属于 C=O 拉伸和 C—O 拉伸[图 6.3(c)]。PANI 的主要吸收峰位于 1572cm^{-1}、1488cm^{-1}、1295cm^{-1}、1129cm^{-1} 和 800cm^{-1}[图 6.3(a)]，对应于醌环 N=Q=N 的伸缩振动 (1572cm^{-1})，苯式结构 N—B—N 的吸收振动峰位于 1488cm^{-1}，1295cm^{-1} 附近的峰为苯型结构的 C—N 伸缩振动，苯环的 C—H 面内和面外弯曲振动相关的吸收位置位于 1129cm^{-1} 和 800cm^{-1}。在图 6.3(b) 中，由于 GO 和 PANI 之间的共轭作用，GPA0.5 复合材料的特征峰向低波数移动，分别位于 1568cm^{-1}、1487cm^{-1}、1293cm^{-1}、1123cm^{-1}。

通过 XRD 表征红毛丹状 PANI 中空纳米球、GO 和 GPA0.5 复合物的晶体结构。图 6.4(a) 中，以 $2\theta=20°\sim30°$ 为中心的两个宽衍射峰表示为 PANI 链的周期性垂直和平行排列。图 6.4(c) 中位于 $2\theta=12.6°$ 的尖锐峰对应于 GO 的（001）晶面。而对于 GPA0.5 来说，一方面，GO 在 $2\theta=12.6°$ 处的特征峰消失，可能是由于 GO 添加的量少或 GO 被还原，另一方面，具有与 PANI 和 GO 相似的特征峰，表明 GO 和 PANI 的结合。

X 射线光电子能谱（XPS）可以研究分析红毛丹状 PANI 空心纳米球、GO 和 GPA0.5 复合材料的表面元素信息和化学状态，如图 6.5 所示。从元素分布图[图 6.5(a)]中可以观察到，样品主要的组成元素是 C、O、N。图 6.5(b) 和图 6.5(c) 分别为红毛丹状 PANI 中空纳米球和 GPA0.5 复合材料的 N 1s 高分

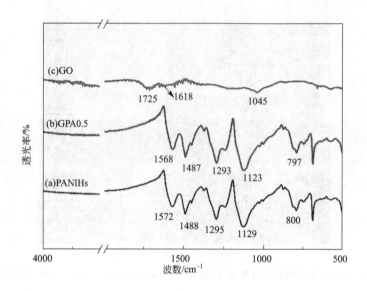

图 6.3 (a) PANIHs；(b) GPA0.5 复合材料；(c) GO 的 FTIR 光谱

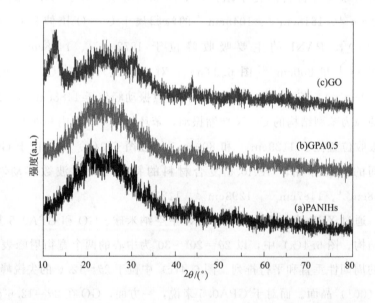

图 6.4 (a) PANIHs；(b) GPA0.5 复合材料；(c) GO 的 XRD 图谱

辨谱，位置在 399.4eV、398.8eV、401.4eV 处的峰对应于苯式胺（—NH—）、醌式胺（—N＝）和氮阳离子自由基（—NH$^+$—）。表 6.2 展示了 N 1s 光谱的分峰计算以评估红毛丹状 PANI 中空纳米球和 GPA0.5 的质子化状态。—NH$^+$—百分比表示质子化程度从 0.236(PANI) 增加到 (GPA0.5)，0.328 表

第 6 章 基于红毛丹状聚苯胺空心球复合氧化石墨烯敏感材料的室温 NH_3 传感器

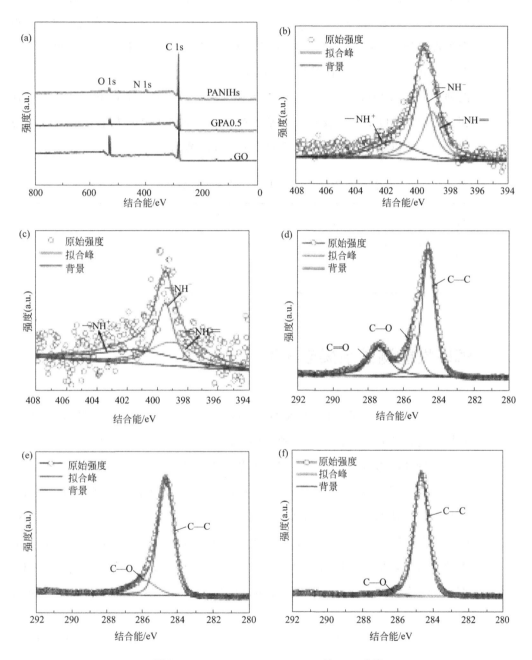

图 6.5 PANIHs、GPA0.5、GO 的 XPS 光谱

(a) 整体元素分布谱；(b)、(c) PANIHs 和 GPA0.5 的 N 1s 谱；

(d)~(f) GO、PANIHs 和 GPA0.5 的 C 1s 谱

明当红毛丹状 PANI 空心纳米球与 GO 结合时，在 GO 与 PANI 醌式单元之间的 π-π 相互作用下亚胺氮的质子化程度增强，有助于电子转移和灵敏度的提高。GO、PANIHs 和 GPA0.5[图 6.5(d)～图 6.5(f)]的 C 1s 光谱通过峰值拟合处理得到以下峰，C—C(284.5eV)、C—O(286.6eV) 和 C=O(288.2eV)。图 6.5(d) 表示 GO 中有许多含氧官能团，包括 C—O 和 C=O，并且这些峰的强度大于 GPA0.5[(图 6.5(f)]，这种现象是因为 PANIHs 和 GO 之间的强相互作用使 GO 的大多数 C=O 基团被还原，部分 PANIHs 被氧化成氧化态（醌型），所以表 6.2 中 GPA0.5 的质子化程度增加。

表 6.2　PANIHs 和 GPA0.5 的 XPS 分峰拟合

材料	化学基团		
	—NH—	—N=	—NH$^+$—
PANIHs	0.449	0.315	0.236
GPA0.5	0.403	0.269	0.328

6.4　气敏性能测试结果与讨论

研究了基于红毛丹状 PANIHs 和 GO-PANIHs 敏感材料组装和 PET 衬底构筑的传感器在室温下的气敏性能。研究了 GO 与苯胺单体的加入量之比对传感特性的影响，在室温下测量了基于 PANI，0.2％、0.5％、1％和 2％（均为质量分数）GO-PANIHs 对 10ppm NH_3 的响应值，总结在图 6.6 中。构筑的传感器的灵敏度与 GO 的添加量呈一定关系，显然，基于 GO-PANIHs 敏感材料的传感器的性能明显优于纯 PANIHs，而且响应值随着 GO 添加量的增加，呈现"增加-最大-减少"趋势。GO 的添加量为 0.5％时，GO-PANIHs 传感器具有最高的性能，响应值为 10.5，比 PANIHs 的响应值高约 3.2 倍。

图 6.7(a) 描绘了基于红毛丹状 PANIHs 和 GPA0.5 的传感器在室温下对不同浓度 NH_3（0.5～100ppm）的动态响应-恢复瞬变曲线。构筑的传感器的灵敏度随着 NH_3 浓度的增加呈阶梯状增大，基于 GPA0.5 的传感器在灵敏度（31.8～100ppm）方面比纯 PANIHs 传感器（9.5～100ppm）显著增强。图 6.7(a) 的插图表示，基于 GPA0.5 的传感器对相对较低的 NH_3 浓度范围（50～500ppb）也有明显的响应，对 50ppb NH_3

第6章 基于红毛丹状聚苯胺空心球复合氧化石墨烯敏感材料的室温 NH₃ 传感器

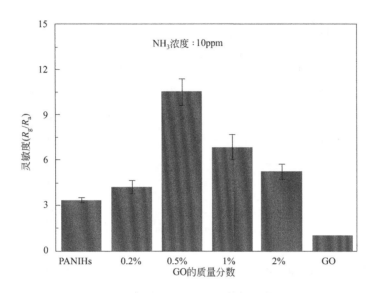

图 6.6 不同 GO 添加量的 GO-PANIHs 传感器的响应值

的响应值为 1.3,表现出超低的检测下限。PANIHs 和 GPA0.5 传感器的响应值拟合曲线表现出对 NH₃ 浓度的幂律依赖性,这是气体传感材料数据拟合的典型模型[图 6.7(b)]。

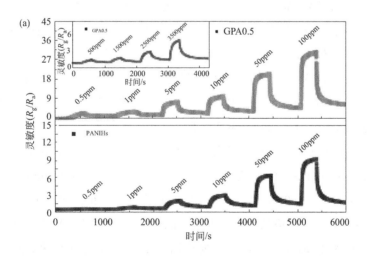

图 6.7

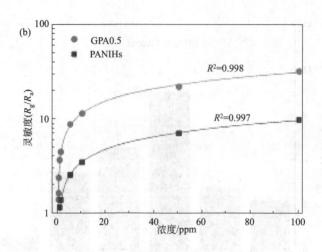

图 6.7 (a) 基于 PANIHs 和 GPA0.5 的气敏装置在室温下对不同浓度的 NH_3 的响应瞬变曲线；(b) 基于 PANIHs 和 GPA0.5 的传感器在室温下对浓度分别为 0.5～100ppm 和 50ppb～100ppm 的灵敏度拟合曲线

测试了基于红毛丹状 PANIHs 和 GPA0.5 的传感器在室温对 10ppm 不同气体的选择性，包括 NH_3、甲醛、丙酮、苯、甲苯、甲烷、H_2、CO、SO_2 和 NO_2，结果如图 6.8(a) 所示。结果表明，与其他气体相比，PANIHs 和 GPA0.5 传感器都对 NH_3 显示出明显更高的响应值，表明构筑的传感器对 NH_3 具有优异的选择性。而且基于 GPA0.5 的传感器的选择性明显高于 PANIHs 传感器。图 6.8(b) 展示了 GPA0.5 传感器在室温下对 10ppm NH_3 的响应-恢复特性曲线，响应和恢复时间分别为约 102s 和 186s。另外，图 6.8(b) 中的插图为 GPA0.5 传感器对 10ppm NH_3 的五个可逆循环测试，表明传感器在室温下具有可接受的重复性。

研究了湿度对 GPA0.5 传感器的灵敏度的影响。在室温下测试了构筑的传感器在不同相对湿度范围（20%～98% RH）内对 10ppm NH_3 的响应值。从图 6.9(a) 中的结果可以看出随着相对湿度的增加，GPA0.5 传感器对 10ppm NH_3 的响应值明显增加，可能的原因是水对 PANI 的掺杂作用以及水提高了 NH_3 的反应程度。简要说明如下：当酸化的 PANI 暴露于 NH_3 时，NH_3 夺取酸化的 PANI 中的质子，PANI 从导电的翠绿亚胺盐转变为本征态的翠绿亚胺，电阻增加。然而，该反应是可逆的，气氛中存在一定量的 NH_3。当相对湿度增加时，存在另一种反应：

$$NH_3 + H_2O \rightleftharpoons NH_4^+ + OH^-$$

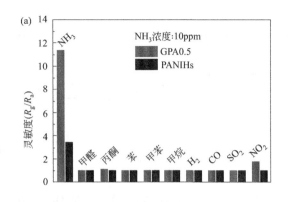
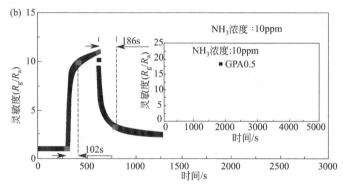

图 6.8 （a）基于 PANIHs 和 GPA0.5 的传感器在室温下对 10ppm 的不同测试气体的选择性；
（b）GPA0.5 传感器在室温下对 10ppm NH_3 的动态响应-恢复曲线

溶解在水中的 NH_3 可以抑制水对 PANI 的掺杂，实现去掺杂，产生的 OH^- 同时可以从酸化的 PANI 中捕获质子，这两种反应共同作用提高了传感器的响应值。另外，研究了 GPA0.5 传感器在 10 天内的稳定性，每天测试传感器对 10ppm NH_3 的灵敏度。结果如图 6.9（b）所示，在前六天，传感器的响应值显示出明显的下降，这是由膜老化和不稳定吸附位点的消失引起的，之后，响应值保持相对稳定，因此提高构筑的传感器在前几天的稳定性是必要的。

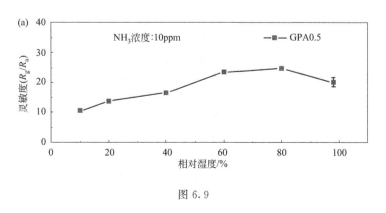

图 6.9

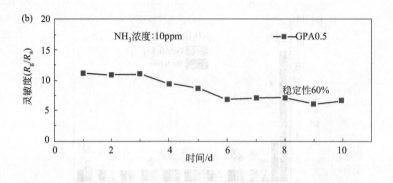

图 6.9 （a）相对湿度对 GPA0.5 传感器响应值的影响和（b）传感器的长期稳定性

6.5 气体敏感机理讨论

关于 PANI 分子链的结构、氧化状态、气敏机理详见"4.2.3 气敏性能测试结果与讨论"部分。基于 GPA0.5 的传感器在室温下对 NH_3 气敏性能增强的原因主要是 GO 和红毛丹状 PANI 空心纳米球的协同效应，如图 6.10 所示。

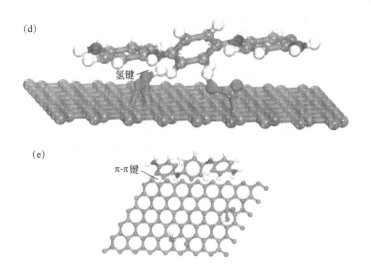

图 6.10 （a）本征态聚苯胺的分子结构模型；（b）聚苯胺的三种氧化态；
（c）聚苯胺的质子化和去质子化的化学结构；（d），（e）GO 和 PANIHs 之间的相互作用

首先，与红毛丹状 PANI 空心纳米球（$38.82m^2/g$）相比，GPA0.5 具有更大的比表面积（$43.72m^2/g$），有助于吸附更多的 NH_3，提高传感性能；其次，GO 表面发生苯胺聚合，成功获得 GO-PANIHs 复合材料。PANIHs 链的醌环和 GO 之间强烈的 π-π 共轭作用诱导 PANI 链的进一步延伸；再次，PANIHs 和 GO 的结合可以降低导电 PANI 的电子云密度，有利于亚氨基氮形成稳定的氮阳离子。因此 GO-PANIHs 材料的 —NH^+— 含量增加，提高了 NH_3 活性吸附位点，并进一步提高了灵敏度。增强的气体敏感性能表明，GO-PANIHs 敏感材料是用于制造柔性室温 NH_3 传感器的潜在材料，在柔性电子和可穿戴电子器件领域中显示出潜在的应用价值。

6.6 本章小结

本章考察了 PANI 形貌及 PANI 与 GO 复合对气敏性能的影响。以磺化 PS 球为模板，原位聚合制备了红毛丹状空心纳米球结构的聚苯胺（PANIHs）和氧化石墨烯（GO）-红毛丹状聚苯胺空心纳米球（PANIHs）复合材料。调控 GO 的添加量，制备了一系列 GO-PANIHs 样品，基于柔性的 PET 衬底进一

步制备敏感器件，并对其气敏进行测试，得到以下结论：

（1）GO 的加入显著提高了敏感材料的气敏性能，0.5% GO-PANIHs（GPA0.5）敏感材料的气敏性能最好。

（2）基于 0.5% GO-PANIHs（GPA0.5）敏感材料的传感器在室温下对 100ppm 的 NH_3 的灵敏度为 31.8，响应时间为 102s，恢复时间为 186s，而且具有 50ppb 的超低检测下限和优异的选择性。

（3）GPA0.5 传感器优异的 NH_3 敏感性能可归功于红毛丹状 PANI 空心纳米球的结构以及 PANIHs 和 GO 的协同效应。

第7章

总结与展望

总论篇

(1) 总结

传感器的应用领域越来越广泛，生产和生活活动也对传感器提出更高的要求。本书瞄准气体传感器的发展前沿，致力于设计和制备可在室温下检测的高性能柔性 NH_3 传感器。① 设计和优化新型敏感材料。敏感材料的种类、结构、形貌都极大地影响传感器的气敏特性。因此，开发新型传感器材料始终占据该领域的重要位置；② 设计平面式可弯曲的器件结构。传感器的器件结构直接决定了其加工工艺，进而影响传感器的尺寸、成本、集成等方面。尤其是当代信息化、智能化、可穿戴化的快速发展使柔性、薄膜等结构设计成为传感器的研究热点；③ 研究传感器的气体敏感机理。气体传感器的敏感材料开发和器件结构设计日新月异，但对传感器敏感机理的研究却始终是重中之重，只有明确敏感机理，才能从根本上针对传感器的不足进行设计改进。得到的结论如下：

① 通过简单的水热法制备了疏松的 SnO_2 纳米材料，用原位化学氧化聚合制备 SnO_2@PANI 敏感材料，以柔性的 PET 为衬底，构筑室温 NH_3 传感器，通过调节 SnO_2 添加量，研究其对传感器气敏性能的影响。测试结果表明基于 20% SnO_2@PANI（PASn20）敏感材料的传感器对 0.5~100ppm NH_3 表现出最好的性能，对 100ppm NH_3 响应值可达到 31.8，响应时间和恢复时间分别为 109s 和 114s，检测下限可低至 10ppb。PASn20 传感器气敏性能的增强主要是由于制备的材料具有比表面积较大的多孔结构以及 PANI 和 SnO_2 之间形成的 p-n 异质结。

② 通过水热法分别合成了花状 WO_3 分等级结构和空心球状 WO_3 分等级结构，结合原位化学氧化聚合法制备花状 WO_3@PANI 复合材料和空心球状 WO_3@PANI 复合材料。研究了基于这两种材料的传感器在室温下的气敏特性。对于花状 WO_3@PANI 敏感材料，基于 10% 花状 WO_3@PANI 敏感材料的传感器具有最佳的气敏特性，在室温下对 100ppm NH_3 的响应值为 20.1，响应时间是 13s，恢复时间 49s，检测下限为 500ppb，同时具有出色的选择性和重复性。对于空心球状 WO_3@PANI 敏感材料，基于 10% 空心球状 WO_3@PANI 敏感材料的传感器对 NH_3 的气敏性能优于其他材料的传感器。该传感器对 100ppm NH_3 的响应值高达 25，响应时间和恢复时间分别为 136s 和 130s，并且具有出色的 NH_3 选择性。相对于 PANI 传感器，两种 WO_3@PANI 传感器的气敏性能都大幅度提高，是由于敏感材料的特殊结构以及 PANI 和 WO_3 界面处形成的 p-n 异质结。因此，通过对敏感材料的设计和优化以及

将 PANI 和 WO₃ 复合在界面处形成 p-n 异质结是制备具有高性能室温 NH₃ 传感器的有效策略。

③ 为了进一步提高材料的气敏性能，用贵金属对敏感材料进行增感。首先，通过水热法合成介孔 In_2O_3 纳米球，然后通过湿法浸渍法制备 Au-介孔 In_2O_3 纳米球，最后原位聚合制备 Au-介孔 In_2O_3 纳米球@PANI 核-壳结构敏感材料。通过测试材料气敏性能来探讨介孔 In_2O_3 纳米球和 Au 担载对材料气敏性能的影响。结果表明，PAIn10 敏感材料传感器的气敏性能高于 PANI 传感器，而 PAIn20A1 传感器显示了最佳气敏性能。PAIn20A1 传感器在室温下对 100ppm NH₃ 的响应值为 46，比纯 PANI 和 PAIn10 传感器的响应值高 14 倍和 4 倍，同时，该传感器还具有可接受的响应时间和恢复时间（分别为 118s 和 144s），低检测下限（500ppb），出色的选择性以及传感器在弯曲释放后，能保持好的稳定状态。传感性能的提高归因于 PANI 与介孔 In_2O_3 纳米球之间形成的 p-n 结的作用和 Au 的催化作用。因此，该传感器在柔性电子和可穿戴电子器件领域有潜在的应用价值。

④ 设计和制备了红毛丹状空心纳米球结构的聚苯胺（PANIHs）和氧化石墨烯（GO）-红毛丹状聚苯胺空心纳米球（PANIHs）敏感材料。构筑了基于 GO-PANIHs 敏感材料和柔性 PET 衬底的传感器，且不需要在衬底上沉积电极，可以在室温下检测 NH₃。气敏性能表明，基于 0.5% GO-PANIHs（GPA0.5）敏感材料的传感器在室温下对 10ppm NH₃ 表现出最好的性能。该传感器获得了 31.8～100ppm NH₃ 的高灵敏度，可接受的响应时间和恢复时间（102s 和 186s），优异的选择性和 50ppb 的超低检测下限。GPA0.5 传感器优异的 NH₃ 敏感性能可归功于红毛丹状 PANI 空心纳米球的结构以及 PANIHs 和 GO 的协同效应。

（2）展望

根据本工作的研究基础，结合基于导电高分子材料构筑的柔性室温气体传感器，面向可穿戴和柔性电子领域的需求，在以后的研究工作中主要从以下方面深入进行：

① 敏感材料是传感器的基础，目前敏感材料的选择缺乏理论指导，以后探索和制备高性能的敏感材料体系，会注重归纳敏感材料和性能之间的关系，总结规律。

② 虽然通过调控敏感材料的形貌、结构可以提高传感器的气敏性能，但是室温传感器的响应和恢复速率以及长期稳定性都有待提高。如何提升传感

器的响应-恢复速率和稳定性，将是下一步工作的研究重点。

③ 构筑的柔性室温传感器的应用目标领域是可穿戴电子设备，因此，今后的研究中要注重对传感器柔性性能的测试分析，模拟真实应用环境，完善器件的气敏性能和耐弯曲性能，努力实现向实际应用的转化。

参考文献

[1] 齐鹏然. 我国雾霾成因与对策研究 [J]. 黑龙江科学, 2018, 2: 89-91.

[2] 李红星, 孙婷, 苏荷. 黑龙江省雾霾治理政策的实施与完善 [J]. 哈尔滨商业大学学报（社会科学版）, 2017, 5: 48-57.

[3] Kahn, N., Lavie O., Paz M., et al.. Dynamic nanoparticle-based flexible sensors: diagnosis of ovarian carcinoma from exhaled breath [J]. Nano Letter, 2015, 15 (10): 7023-7028.

[4] Kuo, T. C., Cheng E., Wang S., et al.. Human breathomics database [J]. Database-The Journal of Biological Databases and Curation. 2020, 2020: 1-8.

[5] Nakhleh, M. K., Amal H., Jeries R., et al.. Diagnosis and classification of 17 diseases from 1404 subjects via pattern analysis of exhaled molecules [J]. ACS Nano, 2017, 11 (1): 112-125.

[6] Konvalina, G., Haick H.. Sensors for breath testing: from nanomaterials to comprehensive disease detection [J]. Accounts of Chemical Research, 2014, 47 (1): 66-76.

[7] Göpel W., Schierbaum KD.. SnO_2 sensors: current status and future prospects [J]. Sensors and Actuators B: Chemical, 1995, 26.

[8] Korotcenkov, G., S. D. Han., J. R. Stetter.. Review of electrochemical hydrogen sensors [J]. Chemical Preview, 2009, 109 (3): 1402-1433.

[9] Battiston FM, R. J., Lang HP., Baller MK., et al.. A chemical sensor based on a microfabricated cantilever array with simultaneous resonance-frequency and bending readout [J]. Sensors and Actuators B: Chemical, 2001, 77: 122-131.

[10] Chan K, I. H., Inaba, H.. An optical-fiber-based gas sensor for remote absorption measurement of low-level CH_4 gas in the near-infrared region [J]. Journal of lightwave technology, 1984, 3: 234-237.

[11] Massie C., Stewart G., McGregor G., et al.. Design of a portable optical sensor for methane gas detection [J]. Sensors and Actuators

B: Chemical, 2006, 113 (2): 830-836.

[12] Gauglitz, G.. Direct optical sensors: principles and selected applications [J]. Analytical and Bioanalytical Chemistry, 2005, 381 (1): 141-155.

[13] Korotcenkov, G.. Practical aspects in design of one-electrode semiconductor gas sensors: Status report [J]. Sensors and Actuators B: Chemical, 2007, 121 (2): 664-678.

[14] Wang, T., Zhang S., Yu Q., et al.. Novel self-assembly route assisted ultra-fast trace volatile organic compounds gas sensing based on three-dimensional opal microspheres composites for diabetes [J]. Acs Applied Materials & Interfaces, 2018, 38 (10): 32913-32921.

[15] Korotcenkov, G.. Chemical sensor selection and application guide [M]. Chemical Sensors: Comprehensive Sensor Technologies, 2011, 6: 281-348.

[16] Lee H. J., Lee C. H.. Fabrication of NO_2 gas sensors by using au schottky contacts on rough GaAs surfaces [J]. Journal of The Korean Physical Society, 2010, 56 (2): 639-642.

[17] Jung G., Hong S., Jeon Y., et al.. Response comparison of resistor- and Si FET-type gas sensors on the same substrate [J]. Ieee Transactions On Electron Devices, 2021, 68 (7): 3552-3557.

[18] Talazac L., Barbarin F., Mazet L., et al.. Improvement in sensitivity and selectivity of InP-based gas sensors: Pseudo-Schottky diodes with palladium metallizations [J]. Ieee Sensors Journal, 2004, 4 (1): 45-51.

[19] Salehi A., Kalantari D. J.. Characteristics of highly sensitive Au/porous-GaAs Schottky junctions as selective CO and NO gas sensors [J]. Sensors and Actuators B: Chemical, 2007, 122 (1): 69-74.

[20] Zhao G. Y., et al.. A novel Pt-AlGaN/GaN heterostructure Schottky diode gas sensor on Si [J]. Ieice Transactions On Electronics, 2003, E86C (10): 2027-2031.

[21] Fawcett T. J., Wolan J. T., Myers R. L., et al.. Wide-range (0.33%~100%) 3C-SiC resistive hydrogen gas sensor development [J]. Applied Physics Letters, 2004, 85 (3): 416-418.

[22] Zhang Y., Lv S., Jiang L., et al.. Room-temperature mixed-potential type ppb-level NO sensors based on $K_2Fe_4O_7$ electrolyte and Ni/Fe-MOF sensing electrodes [J]. Acs Sensors, 2021, 6 (12): 4435-4442.

[23] Wang B., Li W., Lu Q., et al.. Machine learning-assisted development of sensitive electrode materials for mixed potential-type NO_2 gas sensors [J]. Acs Applied Materials & Interfaces, 2021, 13 (42): 50121-50131.

[24] Lv S., Zhang Y., Jiang L., et al.. Mixed potential type YSZ-based NO_2 sensors with efficient three-dimensional three-phase boundary processed by electrospinning [J]. Sensors and Actuators B: Chemical, 2022, 354.

[25] Zhang W., Zhang W.. Progress of carbon nanotubes-based gas sensors [J]. Chemistry, 2009, 72 (3): 202-207.

[26] Cheng Y., Yang Z., Wei H., et al.. Progress in carbon nanotube gas sensor research [J]. Acta Physico-Chimica Sinica, 2010, 26 (12): 3127-3142.

[27] Feng Q., Huang B., Li X.. Graphene-based heterostructure composite sensing materials for detection of nitrogen-containing harmful gases [J]. Advanced Functional Materials, 2021, 2104058.

[28] Wu J., Feng S., Wei X., et al.. Facile synthesis of 3D graphene flowers for ultrasensitive and highly reversible gas sensing [J]. Advanced Functional Materials, 2016, 26 (41): 7462-7469.

[29] Roopa, J., et al.. Development of a conducting polymer polyaniline based gas sensor [C]. 2015 International Conference on Electrical, Electronics, Signals, Communication and Optimization (Eesco).

[30] Tanguy N. R., Thompson M., Yan N.. A review on advances in application of polyaniline for ammonia detection [J]. Sensors and Actuators B: Chemical, 2018, 257: 1044-1064.

[31] Moon J. M., Thapliyal N., Hussain K. R., et al.. Conducting polymer-based electrochemical biosensors for neurotransmitters: A review [J]. Biosensors and Bioelectronics, 2018, 102: 540-552.

[32] Pearton S. J., Norton D. P., Ip K., et al.. Recent progress in pro-

cessing and properties of ZnO [J]. Superlattices and Microstructures, 2003, 34 (1): 23-32.

[33] Ahn M. W., Park K. S., Heo J. H., et al.. Gas sensing properties of defect-controlled ZnO-nanowire gas sensor [J]. Applied Physics Letters, 2008, 93 (26).

[34] Lupan O., Chai G., Chow L.. Novel hydrogen gas sensor based on single ZnO nanorod [J]. Microelectronic Engineering, 2008, 85 (11): 2220-2225.

[35] Yu J. H., C. G. M.. Electrical and CO gas-sensing properties of ZnO/SnO_2 hetero-contact. Sensors and Actuators B: Chemical, 1999, 61: 59-67.

[36] Wang B., Zhu L. F., Yang Y. H., et al.. Fabrication of a SnO_2 nanowire gas sensor and sensor performance for hydrogen [J]. Journal of Physical Chemistry C, 2008, 112 (17): 6643-6647.

[37] Chen J., Xu L. N., Li W. Y., et al.. Alpha-Fe_2O_3 nanotubes in gas sensor and lithium-ion battery applications [J]. Advanced Materials, 2005, 17 (5): 582-586.

[38] Mirzaei A., Hashemi B., Janghorban K.. Alpha-Fe_2O_3 based nanomaterials as gas sensors [J]. Journal of Materials Science: Materials in Electronics, 2016, 27 (4): 3109-3144.

[39] Korotcenkov G., Boris I., Cornet A., et al.. The influence of additives on gas sensing and structural properties of In_2O_3-based ceramics [J]. Sensors and Actuators B: Chemical, 2007, 120 (2): 657-664.

[40] Liu J., Li S., Zhang B., et al.. Flower-like In_2O_3 modified by reduced graphene oxide sheets serving as a highly sensitive gas sensor for trace NO_2 detection [J]. Journal of Colloid and Interface Science, 2017, 504: 206-213.

[41] Gong J., Li Y., Hu Z., et al.. Ultrasensitive NH_3 gas sensor from polyaniline nanograin enchased TiO_2 fibers [J]. Journal of Physical Chemistry C, 2010, 114 (21): 9970-9974.

[42] Seo M. H., Yuasa M., Kida T., et al.. Gas sensing characteristics and porosity control of nanostructured films composed of TiO_2 nanotubes [J]. Sensors and Actuators B: Chemical, 2009, 137 (2):

513-520.

[43] An S., Park S., Ko H., et al.. Fabrication of WO_3 nanotube sensors and their gas sensing properties [J]. Ceramics International, 2014, 40 (1): 1423-1429.

[44] Meng Z., Fujii A., Hashishin T., et al.. Morphological and crystal structural control of tungsten trioxide for highly sensitive NO_2 gas sensors [J]. Journal of Materials Chemistry C, 2015, 3 (5): 1134-1141.

[45] Choi J. M., Byun J. H., Kim S. S.. Influence of grain size on gas-sensing properties of chemiresistive p-type NiO nanofibers [J]. Sensors and Actuators B: Chemical, 2016, 227: 149-156.

[46] Chen J., Wang K., Hartman L., et al.. H_2S detection by vertically aligned CuO nanowire array sensors [J]. Journal of Physical Chemistry C, 2008, 112 (41): 16017-16021.

[47] Kim H. J., Lee J. H.. Highly sensitive and selective gas sensors using p-type oxide semiconductors: Overview [J]. Sensors and Actuators B: Chemical, 2014, 192: 607-627.

[48] Gou X., Wang G., Yang J., et al.. Chemical synthesis, characterisation and gas sensing performance of copper oxide nanoribbons [J]. Journal of Materials Chemistry, 2008, 18 (9): 965-969.

[49] Xu J. M. and Cheng J. P.. The advances of Co_3O_4 as gas sensing materials: A review [J]. Journal of Alloys and Compounds, 2016, 686: 753-768.

[50] Zhou T., Zhang T., Deng J., et al.. P-type Co_3O_4 nanomaterials-based gas sensor: Preparation and acetone sensing performance [J]. Sensors and Actuators B: Chemical, 2017, 242: 369-377.

[51] Jin H., Huang Y., Jian J. Plate-like Cr_2O_3 for highly selective sensing of nitric oxide [J]. Sensors and Actuators B: Chemical, 2015, 206: 107-110.

[52] Kim T. H., Yoon J. W., Kang Y. C., et al.. A strategy for ultrasensitive and selective detection of methylamine using p-type Cr_2O_3: Morphological design of sensing materials, control of charge carrier concentrations, and configurational tuning of Au catalysts [J]. Sensors

and Actuators B: Chemical, 2017, 240: 1049-1057.

[53] Sutka A., Gross K. A.. Spinel ferrite oxide semiconductor gas sensors [J]. Sensors and Actuators B: Chemical, 2016, 222: 95-105.

[54] Fergus, J. W.. Perovskite oxides for semiconductor-based gas sensors [J]. Sensors and Actuators B: Chemical, 2007, 123 (2): 1169-1179.

[55] Zhou X., Li X., Sun H., et al.. Nanosheet-assembled $ZnFe_2O_4$ hollow microspheres for high-sensitive acetone sensor [J]. ACS Applied Materials & Interfaces, 2015, 7 (28): 15414-15421.

[56] Qu F., Shang W., Thomas T., et al.. Self-template derived $ZnFe_2O_4$ double-shell microspheres for chemresistive gas sensing [J]. Sensors and Actuators B: Chemical, 2018, 265: 625-631.

[57] Yang X., Li H., Li T., et al.. Highly efficient ethanol gas sensor based on hierarchical SnO_2/Zn_2SnO_4 porous spheres [J]. Sensors and Actuators B: Chemical, 2019, 282: 339-346.

[58] Chen C., Li G., Li J., et al.. One-step synthesis of 3D flower-like Zn_2SnO_4 hierarchical nanostructures and their gas sensing properties [J]. Ceramics International, 2015, 41 (1): 1857-1862.

[59] Yang X., Yu Q., Zhang S., et al.. Highly sensitive and selective triethylamine gas sensor based on porous SnO_2/Zn_2SnO_4 composites [J]. Sensors and Actuators B: Chemical, 2018, 266: 213-220.

[60] Hu X., Zhu Z., Li Z., et al.. Heterostructure of CuO microspheres modified with $CuFe_2O_4$ nanoparticles for highly sensitive H_2S gas sensor [J]. Sensors and Actuators B: Chemical, 2018, 264: 139-149.

[61] Li X., Lu D., Shao C., et al.. Hollow $CuFe_2O_4$/alpha-Fe_2O_3 composite with ultrathin porous shell for acetone detection at ppb levels [J]. Sensors and Actuators B: Chemical, 2018, 258: 436-446.

[62] Zhao C., Lan W., Gong H., et al.. Highly sensitive acetone-sensing properties of Pt-decorated $CuFe_2O_4$ nanotubes prepared by electrospinning [J]. Ceramics International, 2018, 44 (3): 2856-2863.

[63] Hu T., Chu X., Gao F., et al.. Acetone sensing properties of reduced graphene oxide-$CdFe_2O_4$ composites prepared by hydrothermal method [J]. Materials Science in Semiconductor Processing, 2015,

34: 146-153.

[64] Lou X., Liu S., Shi D., et al.. Ethanol-sensing characteristics of Cd-Fe_2O_4 sensor prepared by sol-gel method [J]. Materials Chemistry and Physics, 2007, 105 (1): 67-70.

[65] Wadkar P., Bauskar D., Patil P.. High performance H_2 sensor based on $ZnSnO_3$ cubic crystallites synthesized by a hydrothermal method [J]. Talanta, 2013, 105: 327-332.

[66] Zeng Y., Zhang T., Fan H., et al.. Synthesis and gas-sensing properties of $ZnSnO_3$ cubic nanocages and nanoskeletons [J]. Sensors and Actuators B: Chemical, 2009, 143 (1): 449-453.

[67] Zhang Y., Duan Z., Zou H., et al.. Fabrication of electrospun $LaFeO_3$ nanotubes via annealing technique for fast ethanol detection [J]. Materials Letters, 2018, 215: 58-61.

[68] Xiao H., Xue C., Song P., et al.. Preparation of porous $LaFeO_3$ microspheres and their gas-sensing property [J]. Applied Surface Science, 2015, 337: 65-71.

[69] Yamazoe N.. Oxide semiconductor gas sensors [J]. Catalysis Surveys from Asia, 2003, 7: 63-75.

[70] Barsan N., Koziej D., Weimar U.. Metal oxide-based gas sensor research: How to? [J]. Sensors and Actuators B: Chemical, 2007, 121 (1): 18-35.

[71] Lin T., Lv X., Li S., et al.. The Morphologies of the Semiconductor oxides and their gas-sensing properties [J]. Sensors, 2017, 17 (12).

[72] Zhang S., Nguyen S. T., Nguyen T. H., et al.. Effect of the morphology of solution-grown ZnO nanostructures on gas-sensing properties [J]. Journal of the American Ceramic Society, 2017, 100 (12): 5629-5637.

[73] Xu C., Tamaki J., Miura N., et al.. Grain size effects on gas sensitivity of porous SnO_2-based elements [J]. Sensors and Actuators B: Chemical, 1991, 3: 147-155.

[74] Zhang, Y. J., W. Zeng., Li, Y. Q.. Hydrothermal synthesis and controlled growth of hierarchical 3D flower-like MoS_2 nanospheres assisted with CTAB and their NO_2 gas sensing properties [J]. Applied

Surface Science, 2018, 455: 276-282.

[75] Zhu L., Li, Y. Q., Zeng, W.. Hydrothermal synthesis of hierarchical flower-like ZnO nanostructure and its enhanced ethanol gas-sensing properties [J]. Applied Surface Science, 2018, 427: 281-287.

[76] Jian M., Xia K., Wang Q., et al.. Flexible and highly sensitive pressure sensors based on bionic hierarchical structures [J]. Advanced Functional Materials, 2017, 27 (9): 1606066-1606074.

[77] Lee J. H.. Gas sensors using hierarchical and hollow oxide nanostructures: Overview [J]. Sensors and Actuators B: Chemical, 2009, 140 (1): 319-336.

[78] Kar A., Patra A.. Recent advances of doping of SnO_2 nanocrystals for their potential applications [J]. Transactions of the Indian Ceramic Society, 2013, 72 (2): 89-99.

[79] Fergus, J. W.. Doping and defect association in oxides for use in oxygen sensors [J]. Journal of Materials Science, 2003, 38 (21): 4259-4270.

[80] Korotcenkov G., Cho B. K.. The role of grain size on the thermal instability of nanostructured metal oxides used in gas sensor applications and approaches for grain-size stabilization [J]. Progress in Crystal Growth and Characterization of Materials, 2012, 58 (4): 167-208.

[81] Mirzaei A., Kim S. S., Kim H. W.. Resistance-based H_2S gas sensors using metal oxide nanostructures: A review of recent advances [J]. Journal of Hazardous Materials, 2018, 357: 314-331.

[82] Tang W., Wang J.. Enhanced gas sensing mechanisms of metal oxide heterojunction gas sensors [J]. Acta Physico-Chimica Sinica, 2016, 32 (5): 1087-1104.

[83] Ren X., Yan T., Wu D., et al.. An excellent-responding ethanol sensor with quasi p-n heterojunction based on the composite material of Fe_3O_4 and Cu_2O [J]. Journal of Molecular Liquids, 2014, 198: 388-391.

[84] Ling Z., Leach C., Freer R.. NO_2 sensitivity of a heterojunction sensor based on WO_3 and doped SnO_2 [J]. Journal of the European Ceramic Society, 2003, 23 (11): 1881-1891.

[85] Sun P., Yu Y., Xu J., et al.. One-step synthesis and gas sensing characteristics of hierarchical SnO_2 nanorods modified by Pd loading [J]. Sensors and Actuators B: Chemical, 2011, 160 (1): 244-250.

[86] Wang Y., Zhao Z., Sun Y., et al.. Fabrication and gas sensing properties of Au-loaded SnO_2 composite nanoparticles for highly sensitive hydrogen detection [J]. Sensors and Actuators B: Chemical, 2017, 240: 664-673.

[87] Xue X., Chen Z., Ma C., et al.. One-step synthesis and gas-sensing characteristics of uniformly loaded Pt@SnO_2 nanorods [J]. Journal of Physical Chemistry C, 2010, 114 (9): 3968-3972.

[88] Yuasa M., Masaki T., Kida T., et al.. Nano-sized PdO loaded SnO_2 nanoparticles by reverse micelle method for highly sensitive CO gas sensor [J]. Sensors and Actuators B: Chemical, 2009, 136 (1): 99-104.

[89] 黄惠，郭忠诚，导电聚苯胺的制备及应用 [M]. 科学出版社，2010.

[90] Persaud KC.. Polymers for chemical sensing [J]. Materials Today, 2005, 8: 38-44.

[91] Mikhaylova AA., Molodkina EB., Khazova OA., et al.. Electrocatalytic and adsorption properties of platinum microparticles electrodeposited into polyaniline films [J]. Journal of Electroanalytical Chemistry, 2001, 509: 119-127.

[92] Fratoddi I., Venditti I., Cametti C., et al.. Chemiresistive polyaniline-based gas sensors: A mini review [J]. Sensors and Actuators B: Chemical, 2015, 220: 534-548.

[93] Das M., Sarkar D.. One-pot synthesis of zinc oxide-polyaniline nanocomposite for fabrication of efficient room temperature ammonia gas sensor [J]. Ceramics International, 2017, 43 (14): 11123-11131.

[94] Qi J., Xu X., Liu X., et al.. Fabrication of textile based conductometric polyaniline gas sensor [J]. Sensors and Actuators B: Chemical, 2014, 202: 732-740.

[95] Ameer, Q., S. B. Adeloju.. Polypyrrole-based electronic noses for environmental and industrial analysis [J]. Sensors and Actuators B: Chemical, 2005, 106 (2): 541-552.

[96] Qin Y., Cui Z., Zhang T., et al.. Polypyrrole shell (nanoparticles) -functionalized silicon nanowires array with enhanced NH_3-sensing response [J]. Sensors and Actuators B: Chemical, 2018, 258: 246-254.

[97] Sun J., Shu X., Tian Y., et al.. Facile preparation of polypyrrole-reduced graphene oxide hybrid for enhancing NH_3 sensing at room temperature [J]. Sensors and Actuators B: Chemical, 2017, 241: 658-664.

[98] Li Y., Ban H., Yang M.. Highly sensitive NH_3 gas sensors based on novel polypyrrole-coated SnO_2 nanosheet nanocomposites [J]. Sensors and Actuators B: Chemical, 2016, 224: 449-457.

[99] Hakimi M., Salehi A., Boroumand FA.. Fabrication and characterization of an ammonia gas sensor based on PEDOT-PSS with n-doped graphene quantum dots dopant [J]. Ieee Sensors Journal, 2016, 16 (16): 6149-6154.

[100] Li B., Santhanam S., Schultz L., et al.. Inkjet printed chemical sensor array based on polythiophene conductive polymers [J]. Sensors and Actuators B: Chemical, 2007, 123 (2): 651-660.

[101] Zheng Y., Lee D., Koo HY., et al.. Chemically modified graphene/PEDOT: PSS nanocomposite films for hydrogen gas sensing [J]. Carbon, 2015, 81: 54-62.

[102] Seekaew Y., Lokavee S., Phokharatkul D., et al.. Low-cost and flexible printed graphene-PEDOT: PSS gas sensor for ammonia detection [J]. Organic Electronics, 2014, 15 (11): 2971-2981.

[103] Tripathi A., Mishra SK., Bahadur I., et al.. Optical properties of regiorandom polythiophene/Al_2O_3 nanocomposites and their application to ammonia gas sensing [J]. Journal of Materials Science-Materials in Electronics, 2015, 26 (10): 7421-7430.

[104] Moghaddam HM., Malkeshi H.. Self-assembly synthesis and ammonia gas-sensing properties of ZnO/Polythiophene nanofibers [J]. Journal of Materials Science-Materials in Electronics, 2016, 27 (8): 8807-8815.

[105] Kamble DB., Sharma AK., Yadav JB., et al.. Facile chemical bath

deposition method for interconnected nanofibrous polythiophene thin films and their use for highly efficient room temperature NO_2 sensor application [J]. Sensors and Actuators B: Chemical, 2017, 244: 522-530.

[106] Chang A., Peng Y., Li Z., et al.. Assembly of polythiophenes on responsive polymer microgels for the highly selective detection of ammonia gas [J]. Polymer Chemistry, 2016, 7 (18): 3179-3188.

[107] Bai S., Zhang K., Sun J., et al.. Polythiophene-WO_3 hybrid architectures for low-temperature H_2S detection [J]. Sensors and Actuators B: Chemical, 2014, 197: 142-148.

[108] Letheby H., M. B., M. A.. On the production of a blue substance by the electrolpsis of sulyhate of aniline [J]. Journal of the Chemical Society, 1862, 15: 161-163.

[109] Chiang JC., MacDiarmid AG.. 'Polyaniline': Protonic acid doping of the emeraldine form to the metallic regime [J]. Synthetic Metals, 1986, 13: 193-205.

[110] Geniès EM., Boyle A., Lapkowski M., et al.. Polyaniline: A historical survey [J]. 1990, 36: 139-182.

[111] Tian J., Yang G., Jiang D., et al.. A hybrid material consisting of bulk-reduced TiO_2, graphene oxide and polyaniline for resistance based sensing of gaseous ammonia at room temperature [J]. Microchimica Acta, 2016, 183 (11): 2871-2878.

[112] Wei Y., Hsueh KF., J. GW.. Monitoring the chemical polymerization of aniline by open-circuit-potential measurements [J]. Polymer, 1994, 35: 3572-3575.

[113] Virji S., Huang JX., Kaner RB., et al.. Polyaniline nanofiber gas sensors: Examination of response mechanisms [J]. Nano Letters, 2004, 4 (3): 491-496.

[114] Heeger AJ.. Semiconducting and metallic polymers: The fourth generation of polymeric materials (Nobel lecture) [J]. Angewandte Chemie-International Edition, 2001, 40: 2591-2611.

[115] Macdiarmid AG., Chiang JC., Richter AF., et al.. Polyaniline: a new concept in conducting polymers [J]. Synthetic Metals, 1987,

18: 285-290.

[116] Bai H., Shi G., Gas sensors based on conducting polymers [J]. Sensors, 2007, 7: 267-307.

[117] Hu H., Trejo M., Nicho ME., et al.. Adsorption kinetics of optochemical NH_3 gas sensing with semiconductor polyaniline films [J]. Sensors and Actuators B: Chemical, 2002, 82: 14-23.

[118] Hirata M., S. L.. Characteristics of an organic semiconductor polyaniline film as a sensor for NH_3 gas [J]. Sensors and Actuators A: Physics, 1994, 40: 159-163.

[119] Kukla AL., Shirshov YM., Piletsky SA.. Ammonia sensors based on sensitive polyaniline films [J]. Sensors and Actuators B: Chemical, 1996, 37: 135-140.

[120] Tanguy NR., Thompson M., Yan N.. A review on advances in application of polyaniline for ammonia detection [J]. Sensors and Actuators B: Chemical, 2018, 257: 1044-1064.

[121] Wu SZ., Zeng F., Li FX., et al.. Ammonia sensitivity of polyaniline films via emulsion polymerization [J]. European Polymer Journal, 2000, 36: 679-683.

[122] Syrový T., Kuberský P., Sapurina I., et al.. Gravure-printed ammonia sensor based on organic polyaniline colloids [J]. Sensors and Actuators B: Chemical, 2016, 225: 510-516.

[123] Crowley K., Morrin A., Hernandez A., et al.. Fabrication of an ammonia gas sensor using inkjet-printed polyaniline nanoparticles [J]. Talanta, 2008, 77 (2): 710-717.

[124] Arena A., Donato N., Saitta G., et al.. Flexible ethanol sensors on glossy paper substrates operating at room temperature [J]. Sensors and Actuators B: Chemical, 2010, 145 (1): 488-494.

[125] Xia Y., Yang P., Sun Y., et al.. One-dimensional nanostructures: synthesis, characterization [J]. Advanced Materials, 2003, 15: 353-389.

[126] Huang J., Virji S., Weiller., et al.. Polyaniline nanofibers: facile synthesis and chemical sensors [J]. Journal of the American Chemical Society, 2003, 125 (2): 314-315.

[127]　Gao Y., Li X., Gong J., et al.. Polyaniline nanotubes prepared using fiber mats membrane as the template and their gas-response behavior [J]. Journal of Physical Chemistry C, 2008, 112 (22): 8215-8222.

[128]　Rizzo G., Arena A., Donato N., et al.. Flexible, all-organic ammonia sensor based on dodecylbenzene sulfonic acid-doped polyaniline films [J]. Thin Solid Films, 2010, 518 (23): 7133-7137.

[129]　Liu H., Kameoka J., Czaplewski DA., et al.. Polymeric nanowire chemical sensor [J]. Nano Letters, 2004, 4 (4): 671-675.

[130]　Li Y., Gong J., He G., et al.. Synthesis of polyaniline nanotubes using Mn_2O_3 nanofibers as oxidant and their ammonia sensing properties [J]. Synthetic Metals, 2011, 161 (1-2): 56-61.

[131]　Pandey S., Ramontja J.. Rapid, facile microwave-assisted synthesis of xanthan gum grafted polyaniline for chemical sensor [J]. International Journal of Biological Macromolecules, 2016, 89: 89-98.

[132]　Hong SY., Oh JH., Park H., et al.. Polyurethane foam coated with a multi-walled carbon nanotube/polyaniline nanocomposite for a skin-like stretchable array of multi-functional sensors [J]. Npg Asia Materials, 2017, 9.

[133]　Bora A., Mohan K., Pegu D., et al.. A room temperature methanol vapor sensor based on highly conducting carboxylated multi-walled carbon nanotube/polyaniline nanotube composite [J]. Sensors and Actuators B: Chemical, 2017, 253: 977-986.

[134]　Liu C., Hayashi K., Toko K.. Au nanoparticles decorated polyaniline nanofiber sensor for detecting volatile sulfur compounds in expired breath [J]. Sensors and Actuators B: Chemical, 2012, 161 (1): 504-509.

[135]　Sadanandhan NK., Devaki SJ.. Gold nanoparticle patterned on PANI nanowire modified transducer for the simultaneous determination of neurotransmitters in presence of ascorbic acid and uric acid [J]. Journal of Applied Polymer Science, 2017, 134 (1).

[136]　Betty CA., Choudhury S., Arora S.. Tin oxide-polyaniline heterostructure sensors for highly sensitive and selective detection of toxic

gases at room temperature [J]. Sensors and Actuators B: Chemical, 2015, 220: 288-294.

[137] Murugan C., Subramanian E., Padiyan DP.. Enhanced sensor functionality of in situ synthesized polyaniline-SnO_2 hybrids toward benzene and toluene vapors [J]. Sensors and Actuators B: Chemical, 2014, 205: 74-81.

[138] Tai H., Jiang Y., Xie G.. et al.. Influence of polymerization temperature on NH_3 response of PANI/TiO_2 thin film gas sensor [J]. Sensors and Actuators B: Chemical, 2008, 129 (1): 319-326.

[139] Wang L., Huang H., Xiao S., et al.. Enhanced sensitivity and stability of room-temperature NH_3 sensors using core-shell CeO_2 nanoparticles@cross-linked PANI with p-n heterojunctions [J]. Acs Applied Materials & Interfaces, 2014, 6 (16): 14131-14140.

[140] Zhu GT., Zhang QP., Xie GZ., et al.. Gas sensors based on polyaniline/zinc oxide hybrid film for ammonia detection at room temperature [J]. Chemical Physics Letters, 2016, 665: 147-152.

[141] Bandgar DK., Navale ST., Naushad M., et al.. Ultra-sensitive polyaniline-iron oxide nanocomposite room temperature flexible ammonia sensor [J]. Rsc Advances, 2015, 5 (84): 68964-68971.

[142] Li Y., Zhao H.. Composites of Fe_2O_3 nanosheets with polyaniline: Preparation, gassensing properties and sensing mechanism [J]. Sensors and Actuators B: Chemical, 2017, 245: 34-43.

[143] Li Y., Ban H., Jiao M., et al.. In situ growth of SnO_2 nanosheets on a substrate via hydrothermal synthesis assisted by electrospinning and the gas sensing properties of SnO_2/polyaniline nanocomposites [J]. Rsc Advances, 2016, 6 (78): 74944-74956.

[144] Li Y., Ban H., Zhao H., et al.. Facile preparation of a composite of TiO_2 nanosheets and polyaniline and its gas sensing properties [J]. Rsc Advances, 2015, 5 (129): 106945-106952.

[145] Jiang S., Chen J., Tang J., et al.. Au nanoparticles-functionalized two-dimensional patterned conducting PANI nanobowl monolayer for gas sensor [J]. Sensors and Actuators B: Chemical, 2009, 140 (2): 520-524.

[146] Abdulla S., Mathew TL., Pullithadathil B.. Highly sensitive, room temperature gas sensor based on polyaniline-multiwalled carbon nanotubes (PANI/MWCNTs) nanocomposite for trace-level ammonia detection [J]. Sensors and Actuators B: Chemical, 2015, 221: 1523-1534.

[147] Maity D., Kumar RTR.. Polyaniline anchored MWCNTs on fabric for high performance wearable ammonia sensor [J]. ACS Sensors, 2018, 3 (9): 1822-1830.

[148] Guo Y., Wang T., Chen F., et al.. Hierarchical graphene-polyaniline nanocomposite films for high-performance flexible electronic gas sensors [J]. Nanoscale, 2016, 8 (23): 12073-12080.

[149] Yan H., Guo YL., Lai SB., et al.. Flexible room-temperature gas sensors of nanocomposite network-coated papers [J]. Chemistryselect, 2016, 1 (11): 2816-2820.

[150] Xue M., Li F., Chen D., et al.. High-oriented polypyrrole nanotubes for next-generation gas sensor [J]. Advanced Materials, 2016, 28 (37): 8265-8270.

[151] Gustafsson G., Lundström I., Liedberg B., et al.. The interaction between ammonia and poly (pyrrole) [J]. Synthetic Metals, 1989, 31: 163-179.

[152] Lahdesmaki I., Lewenstam A., Ivaska A.. A polypyrrole-based amperometric ammonia sensor [J]. Talanta, 1996, 43: 125-134.

[153] Dall'Antonia LH., Vidotti ME., Torresi RM., et al.. A new sensor for ammonia determination based on polypyrrole films doped with dodecylbenzenesulfonate (DBSA) ions [J]. Electroanalysis, 2002, 14: 1577-1586.

[154] Kwon OS., Park SJ., Lee JS., et al.. Multidimensional conducting polymer nanotubes for ultrasensitive chemical nerve agent sensing [J]. Nano Letters, 2012, 12 (6): 2797-2802.

[155] Zhang L., Meng F., Chen Y., et al.. A novel ammonia sensor based on high density, small diameter polypyrrole nanowire arrays [J]. Sensors and Actuators B: Chemical, 2009, 142 (1): 204-209.

[156] Su P-G., Lee C-T., Chou C-Y.. Chou. Flexible NH_3 sensors fabrica-

ted by in situ self-assembly of polypyrrole [J]. Talanta, 2009, 80 (2): 763-769.

[157] Sun J., Shu X., Tian Y., et al.. Preparation of polypyrrole@WO_3 hybrids with p-n heterojunction and sensing performance to triethylamine at room temperature [J]. Sensors and Actuators B: Chemical, 2017, 238: 510-517.

[158] Zhang D., Wu Z., Zong X., et al.. Fabrication of polypyrrole/Zn_2SnO_4 nanofilm for ultra-highly sensitive ammonia sensing application [J]. Sensors and Actuators B: Chemical, 2018, 274: 575-586.

[159] Li B., Sauve G., Iovu MC., et al.. Volatile organic compound detection using nanostructured copolymers [J]. Nano Letters, 2006, 6 (8): 1598-1602.

[160] Dunst K., Jurkow D., Jasinski P.. Laser patterned platform with PEDOT-graphene composite film for NO_2 sensing [J]. Sensors and Actuators B: Chemical, 2016, 229: 155-165.

[161] Zhang Y., Bunes BR., Wu N., et al.. Sensing methamphetamine with chemiresistive sensors based on polythiophene-blended single-walled carbon nanotubes [J]. Sensors and Actuators B: Chemical, 2018, 255: 1814-1818.

[162] Li S., Chen S., Zhuo B., et al.. Flexible Ammonia Sensor Based on PEDOT: PSS/Silver Nanowire Composite Film for Meat Freshness Monitoring [J]. Ieee Electron Device Letters, 2017, 38 (7): 975-978.

[163] Lin Y., Huang L., Chen L., et al.. Fully gravure-printed NO_2 gas sensor on a polyimide foil using WO_3-PEDOT: PSS nanocomposites and Ag electrodes [J]. Sensors and Actuators B: Chemical, 2015, 216: 176-183.

[164] Fedoruk MJ., Bronstein R., Kerger BD.. Ammonia exposure and hazard assessment for selected household cleaning product uses [J]. J Expo Anal Environ Epidemiol, 2005, 15 (6): 534-544.

[165] Deng J., Zhang R., Wang L., et al.. Enhanced sensing performance of the Co_3O_4 hierarchical nanorods to NH_3 gas [J]. Sensors and Actuators B: Chemical, 2015, 209: 449-455.

[166] Wetchakun K., Samerjai T., Tamaekong N., et al.. Semiconducting metal oxides as sensors for environmentally hazardous gases [J]. Sensors and Actuators B: Chemical, 2011, 160 (1): 580-591.

[167] Liu F., Sun R., Guan Y., et al.. Mixed-potential type NH_3 sensor based on stabilized zirconia and $Ni_3V_2O_8$ sensing electrode [J]. Sensors and Actuators B: Chemical, 2015, 210: 795-802.

[168] Zhang J., Zhang C., Xia J.,, et al.. Mixed-potential NH_3 sensor based on $Ce_{0.8}Gd_{0.2}O_{1.9}$ solid electrolyte [J]. Sensors and Actuators B: Chemical, 2017, 249: 76-82.

[169] Ye Z., Jiang Y., Tai H., et al.. The investigation of reduced graphene oxide@ SnO_2-polyaniline composite thin films for ammonia detection at room temperature [J]. Journal of Materials Science: Materials in Electronics, 2015, 26 (2): 833-841.

[170] Mikhaylov S., Ogurtsov N., Noskov Y., et al.. Ammonia/amine electronic gas sensors based on hybrid polyaniline-TiO_2 nanocomposites. The effects of titania and the surface active doping acid [J]. Rsc Advances, 2015, 5 (26): 20218-20226.

[171] Li Y., Jiao M., Zhao H., et al.. High performance gas sensors based on in-situ fabricated ZnO/polyaniline nanocomposite: The effect of morphology on the sensing properties [J]. Sensors and Actuators B: Chemical, 2018, 264: 285-295.

[172] Deshpande NG., Gudage YG., Sharma R., et al.. Studies on tin oxide-intercalated polyaniline nanocomposite for ammonia gas sensing applications [J]. Sensors and Actuators B: Chemical, 2009, 138 (1): 76-84.

[173] Le Viet T., Nguyen Duc H., Dang Thi Thanh L., et al.. On-chip fabrication of SnO_2-nanowire gas sensor: The effect of growth time on sensor performance [J]. Sensors and Actuators B: Chemical, 2010, 146 (1): 361-367.

[174] Qi Q., Zhang T., Liu L., et al.. Improved NH_3, C_2H_5OH, and CH_3COCH_3 sensing properties of SnO_2 nanofibers by adding block copolymer P123 [J]. Sensors and Actuators B: Chemical, 2009, 141 (1): 174-178.

[175] Sun P., Zhou X., Wang C., et al.. Hollow SnO_2/alpha-Fe_2O_3 spheres with a double-shell structure for gas sensors [J]. Journal of Materials Chemistry A, 2014, 2 (5): 1302-1308.

[176] Sun P., Zhou X., Wang C., et al.. One-step synthesis and gas sensing properties of hierarchical Cd-doped SnO_2 nanostructures [J]. Sensors and Actuators B: Chemical, 2014, 190: 32-39.

[177] Yan H., Zhong M., Lv Z., et al.. Stretchable electronic sensors of nanocomposite network films for ultrasensitive chemical vapor sensing [J]. Small, 2017, 13 (41).

[178] Wang T., Guo Y., Wan P., et al.. Flexible transparent electronic gas sensors [J]. Small, 2016, 12 (28): 3748-3756.

[179] Fan H., Wang H., Zhao N., et al.. Hierarchical nanocomposite of polyanilinenanorods grown on the surface of carbon nanotubes for high-performance supercapacitor electrode [J]. Journal of Materials Chemistry A, 2012, 22: 2774-2780.

[180] Wang T., Can I., Zhang S., et al.. Self-assembly template driven 3D inverse opal microspheres functionalized with catalyst nanoparticles enabling a highly efficient chemical sensing platform [J]. ACS Applied Materials & Interfaces, 2018, 10 (6): 5835-5844.

[181] Tiemann, M.. Porous metal oxides as gas sensors [J]. Chemistry: a European Journal, 2007, 13 (30): 8376-8388.

[182] Degler D., Müller SA., Doronkin DE., et al.. Platinum loaded tin dioxide: a model system for unravelling the interplay between heterogeneous catalysis and gas sensing [J]. Journal of Materials Chemistry A, 2018, 6 (5): 2034-2046.

[183] Nie Q., Pang Z., Li D., et al.. Facile fabrication of flexible SiO_2/PANI nanofibers for ammonia gas sensing at room temperature [J]. Colloids and Surfaces A: Physicochemical and Engineering Aspects, 2018, 537: 532-539.

[184] Liu C., Tai H., Zhang P., et al.. Enhanced ammonia-sensing properties of PANI-TiO_2-Au ternary self-assembly nanocomposite thin film at room temperature [J]. Sensors and Actuators B: Chemical, 2017, 246: 85-95.

[185] Bandgar DK., Navale ST., Nalage SR., et al.. Simple and low-temperature polyaniline-based flexible ammonia sensor: a step towards laboratory synthesis to economical device design [J]. Journal of Materials Chemistry C, 2015, 3 (36): 9461-9468.

[186] Bandgar DK., Navale ST., Navale YH., et al.. Flexible camphor sulfonic acid-doped PAni/α-Fe$_2$O$_3$ nanocomposite films and their room temperature ammonia sensing activity [J]. Materials Chemistry and Physics, 2017, 189: 191-197.

[187] Khuspe GD., Navale ST., Chougule MA., et al.. Ammonia gas sensing properties of CSA doped PANi-SnO$_2$ nanohybrid thin films [J]. Synthetic Metals, 2013, 185: 1-8.

[188] Zeng FW., Liu XX., Diamond D., et al.. Humidity sensors based on polyaniline nanofibres [J]. Sensors and Actuators B: Chemical, 2010, 143 (2): 530-534.

[189] Bai S., Tian Y., Cui M., et al.. Polyaniline@SnO$_2$ heterojunction loading on flexible PET thin film for detection of NH$_3$ at room temperature [J]. Sensors and Actuators B: Chemical, 2016, 226: 540-547.

[190] Yamazoe N.. Toward innovations of gas sensor technology [J]. Sensors and Actuators B: Chemical, 2005, 108 (1-2): 2-14.

[191] Liu J., Li S., Zhang B., et al.. Ultrasensitive and low detection limit of nitrogen dioxide gas sensor based on flower-like ZnO hierarchical nanostructure modified by reduced graphene oxide [J]. Sensors and Actuators B: Chemical, 2017, 249: 715-724.

[192] Gao H., Wei D., Lin P., et al.. The design of excellent xylene gas sensor using Sn-doped NiO hierarchical nanostructure [J]. Sensors and Actuators B: Chemical, 2017, 253: 1152-1162.

[193] Wang C., Sun R., Li X., et al.. Probing effective photocorrosion inhibition and highly improved photocatalytic hydrogen production on monodisperse PANI@CdS core-shell nanospheres [J]. Applied Catalysis B: Environmental, 2016, 188: 351-359.

[194] Bai S., Zhao Y., Sun J., et al.. Preparation of conducting films based on α-MoO$_3$/PANI hybrids and their sensing properties to trieth-

ylamine at room temperature [J]. Sensors and Actuators B: Chemical, 2017, 239: 131-138.

[195] Mane AT., Navale ST., Sen S., et al.. Nitrogen dioxide (NO_2) sensing performance of p-polypyrrole/n-tungsten oxide hybrid nanocomposites at room temperature [J]. Organic Electronics, 2015, 16: 195-204.

[196] Kotal M., Thakur AK., Bhowmick AK.. Polyaniline-carbon nanofiber composite by a chemical grafting approach and its supercapacitor application [J]. ACS Applied Materials & Interfaces, 2013, 5 (17): 8374-8386.

[197] Khuspe GD., Bandgar DK., Sen S., et al.. Fussy nanofibrous network of polyaniline (PANi) for NH_3 detection [J]. Synthetic Metals, 2012, 162 (21-22): 1822-1827.

[198] Gaikwad G., Patil P., Patil D., et al.. Synthesis and evaluation of gas sensing properties of PANI based graphene oxide nanocomposites [J]. Materials Science and Engineering B: Advanced Functional Solid-State Materials, 2017, 218: 14-22.

[199] Wang Y., Liu J., Cui X., et al.. NH_3 gas sensing performance enhanced by Pt-loaded on mesoporous WO_3 [J]. Sensors and Actuators B: Chemical, 2017, 238: 473-481.

[200] Jimenez I., Vila AM., Calveras AC., et al.. Gas-sensing properties of catalytically modified WO_3 with copper and vanadium for NH_3 detection [J]. Ieee Sensors Journal, 2005, 5 (3): 385-391.

[201] Nguyen Minh V., Tran Nam T., Truong Thi H., et al.. Ni_2O_3 decoration of WO_3 thin film for high sensitivity NH_3 gas sensor [J]. Materials Transactions, 2015, 56 (9): 1354-1357.

[202] Hien H. T., Giang H. T., Hieu N. V., et al.. Elaboration of Pd-nanoparticle decorated polyaniline films for room temperature NH_3 gas sensors [J]. Sensors and Actuators B: Chemical, 2017, 249: 348-356.

[203] Kulkarni SB., Navale YH., Navale ST., et al.. Enhanced ammonia sensing characteristics of tungsten oxide decorated polyaniline hybrid nanocomposites [J]. Organic Electronics, 2017, 45: 65-73.

[204] Tai H., Jiang Y., Xie G., et al.. Fabrication and gas sensitivity of polyaniline-titanium dioxide nanocomposite thin film [J]. Sensors and Actuators B: Chemical, 2007, 125 (2): 644-650.

[205] Zhang D., Wang D., Li P., et al.. Facile fabrication of high-performance QCM humidity sensor based on layer-by-layer self-assembled polyaniline/graphene oxide nanocomposite film [J]. Sensors and Actuators B: Chemical, 2018, 255: 1869-1877.

[206] Ju H., Park D., Kim J.. Solution-processable flexible thermoelectric composite films based on conductive polymer/$SnSe_{0.8}S_{0.2}$ nanosheets/carbon nanotubes for wearable electronic applications [J]. Journal of Materials Chemistry A, 2018, 6 (14): 5627-5634.

[207] Cai GF., Tu JP., Zhou D., et al.. Dual electrochromic film based on WO_3/polyaniline core/shell nanowire array [J]. Solar Energy Materials and Solar Cells, 2014, 122: 51-58.

[208] Wang ZM., Peng XY., Huang CY., et al.. CO gas sensitivity and its oxidation over TiO_2 modified by PANI under UV irradiation at room temperature [J]. Applied Catalysis B: Environmental, 2017, 219: 379-390.

[209] Eising M., Cava CE., Salvatierra RV., et al.. Doping effect on self-assembled films of polyaniline and carbon nanotube applied as ammonia gas sensor [J]. Sensors and Actuators B: Chemical, 2017, 245: 25-33.

[210] Degler D., Rank S., Mueller S., et al.. Gold-loaded tin dioxide gas sensing materials: mechanistic insights and the role of gold dispersion [J]. Acs Sensors, 2016, 1 (11): 1322-1329.

[211] Jain S., Chakane S., Samui AB., et al.. Humidity sensing with weak acid-doped polyaniline and its composites [J]. Sensors and Actuators B: Chemical, 2003, 96 (1-2): 124-129.

[212] Duy LT., Trung TQ., Dang VQ., et al.. Flexible transparent reduced graphene oxide sensor coupled with organic dye molecules for rapid dual-mode ammonia gas detection [J]. Advanced Functional Materials, 2016, 26 (24): 4329-4338.

[213] Matsuguchi M., Okamoto A., Sakai Y.. Effect of humidity on NH_3

gas sensitivity of polyaniline blend films [J]. Sensors and Actuators B: Chemical, 2003, 94 (1): 46-52.

[214] Li XH., Chen GY., Yang LB., et al.. Multifunctional au-coated TiO_2 nanotube arrays as recyclable SERS substrates for multifold organic pollutants detection [J]. Advanced Functional Materials, 2010, 20 (17): 2815-2824.

[215] Li X., Zhou X., Guo H., et al.. Design of Au@ZnO yolk-shell nanospheres with enhanced gas sensing properties [J]. ACS Applied Materials & Interfaces, 2014, 6 (21): 18661-18667.

[216] Wang YL., Zhang B., Liu J., et al.. Au-loaded mesoporous WO_3: Preparation and n-butanol sensing performances [J]. Sensors and Actuators B: Chemical, 2016, 236: 67-76.

[217] Zhang S., Song P., Yan HH., et al.. Self-assembled hierarchical Au-loaded In_2O_3 hollow microspheres with superior ethanol sensing properties [J]. Sensors and Actuators B: Chemical, 2016, 231: 245-255.

[218] Song P., Han D., Zhang HH., et al.. Hydrothermal synthesis of porous In_2O_3 nanospheres with superior ethanol sensing properties [J]. Sensors and Actuators B: Chemical, 2014, 196: 434-439.

[219] Li S., Diao Y., Yang Z., et al.. Enhanced room temperature gas sensor based on Au-loaded mesoporous In_2O_3 nanospheres@polyaniline core-shell nanohybrid assembled on flexible PET substrate for NH_3 detection [J]. Sensors and Actuators B: Chemical, 2018, 276: 526-533.

[220] Pang ZY., Nie QX., Wei AF., et al.. Effect of In_2O_3 nanofiber structure on the ammonia sensing performances of In_2O_3/PANI composite nanofibers [J]. Journal of Materials Science, 2017, 52 (2): 686-695.

[221] Rao H., Chen M., Ge H., et al.. A novel electrochemical sensor based on Au@PANI composites film modified glassy carbon electrode binding molecular imprinting technique for the determination of melamine [J]. Biosens Bioelectron, 2017, 87: 1029-1035.

[222] Zhang C., Govindaraju S., Giribabu K., et al.. AgNWs-PANI

nanocomposite based electrochemical sensor for detection of 4-nitrophenol [J]. Sensors and Actuators B: Chemical, 2017, 252: 616-623.

[223] Wei D., Huang Z., Wang L., et al.. Hydrothermal synthesis of Ce-doped hierarchical flower-like In_2O_3 microspheres and their excellent gas-sensing properties [J]. Sensors and Actuators B: Chemical, 2018, 255: 1211-1219.

[224] Liu C., Tai H., Zhang P., et al.. A high-performance flexible gas sensor based on self-assembled PANI-CeO_2 nanocomposite thin film for trace-level NH_3 detection at room temperature [J]. Sensors and Actuators B: Chemical, 2018, 261: 587-597.

[225] Zhang Y., Si L., Zhou B., et al.. Synthesis of novel graphene oxide/pristine graphene/polyaniline ternary composites and application to supercapacitor [J]. Chemical Engineering Journal, 2016, 288: 689-700.

[226] Kumar NA., Choi H-J., Shin YR., et al.. Polyaniline-grafted reduced graphene oxide for efficient electrochemical supercapacitors [J]. ACS Nano, 2012, 6 (2): 1715-1723.

[227] Nie QX., Pang ZY., Lu HY., et al.. Ammonia gas sensors based on In_2O_3/PANI hetero-nanofibers operating at room temperature [J]. Beilstein Journal of Nanotechnology, 2016, 7: 1312-1321.

[228] Kumar V., Patil V., Apte A., et al.. Ultrasensitive Gold Nanostar-Polyaniline Composite for Ammonia Gas Sensing [J]. Langmuir, 2015, 31 (48): 13247-13256.

[229] Liu R., Shen W., Zhang J., et al.. Adsorption and dissociation of ammonia on Au (111) surface: A density functional theory study [J]. Applied Surface Science, 2008, 254 (18): 5706-5710.

[230] Bhadra J., Al-Thani NJ., Madi NK., et al.. High performance sulfonic acid doped polyaniline-polystyrene blend ammonia gas sensors [J]. Journal of Materials Science-Materials in Electronics, 2016, 27 (8): 8206-8216.

[231] Bai SL., Sun CZ., Wan PB., et al.. Transparent conducting films of hierarchically nanostructured polyaniline networks on flexible sub-

strates for high-performance gas sensors [J]. Small, 2015, 11 (3): 306-310.

[232] Zhang Y., Kim JJ., Chen D., et al.. Electrospun polyaniline fibers as highly sensitive room temperature chemiresistive sensors for ammonia and nitrogen dioxide gases [J]. Advanced Functional Materials, 2014, 24 (25): 4005-4014.

[233] Uh K., Kim T., Lee CW., et al.. A precursor approach to electrospun polyaniline nanofibers for gas sensors [J]. Macromolecular Materials and Engineering, 2016, 301 (11): 1320-1326.

[234] Yang M., Ma J., Zhang C., et al.. General synthetic route toward functional hollow spheres with double-shelled structures [J]. Angew Chem Int Ed Engl, 2005, 44 (41): 6727-6730.

[235] Niu ZW., Yang ZH., Hu ZB., et al.. Polyaniline-silica composite conductive capsules and hollow spheres [J]. Advanced Functional Materials, 2003, 13 (12): 949-954.

[236] Wang M., Duan XD., Xu YX., et al.. Functional three-dimensional graphene/polymer composites [J]. ACS Nano, 2016, 10 (8): 7231-7247.

[237] Fan W., Zhang C., Tjiu WW., et al.. Graphene-wrapped polyaniline hollow spheres as novel hybrid electrode materials for supercapacitor applications [J]. Acs Applied Materials & Interfaces, 2013, 5 (8): 3382-3391.

[238] Tran T. T., Nine MJ., Krebsz M., et al.. Recent advances in sensing applications of graphene assemblies and their composites [J]. Advanced Functional Materials, 2017, 27 (46).

[239] Liu X., Ma T., Pinna N., et al.. Two-dimensional nanostructured materials for gas sensing [J]. Advanced Functional Materials, 2017, 27 (37).

[240] Huang X., Hu N., Gao R., et al.. Reduced graphene oxide-polyaniline hybrid: Preparation, characterization and its applications for ammonia gas sensing [J]. Journal of Materials Chemistry, 2012, 22 (42): 22488-22495.

[241] Yoon JW., Choi SH., Kim JS., et al.. Trimodally porous SnO_2 nanospheres with three-dimensional interconnectivity and size tunability: a one-pot synthetic route and potential application as an extremely sensitive ethanol detector [J]. Npg Asia Materials, 2016, 8.

[242] Xu J., Han BH., Wei Z., et al.. Hierarchical nanocomposites of polyaniline nanowire arrays on graphene oxide sheets with synergistic effect for energy storage [J]. ACS Nano, 2010, 4 (9): 5019-5026.

[243] Cho S., Lee JS., Jun J., et al.. Fabrication of water-dispersible and highly conductive PSS-doped PANI/graphene nanocomposites using a high-molecular weight PSS dopant and their application in H_2S detection [J]. Nanoscale, 2014, 6 (24): 15181-15195.

[244] Zhang D., Wu Z., Li P., et al.. Facile fabrication of polyaniline/multi-walled carbon nanotubes/molybdenum disulfide ternary nanocomposite and its high-performance ammonia-sensing at room temperature [J]. Sensors and Actuators B: Chemical, 2018, 258: 895-905.

[245] Feng XM., Li RM., Ma YW., et al.. One-step electrochemical synthesis of graphene/polyaniline composite film and its applications [J]. Advanced Functional Materials, 2011, 21 (15): 2989-2996.

[246] Liu P., Huang Y., Yan J., et al.. Magnetic graphene@PANI@porous TiO_2 ternary composites for high-performance electromagnetic wave absorption [J]. Journal of Materials Chemistry C, 2016, 4 (26): 6362-6370.

[247] Wang H., Hao Q., Yang X., et al.. Effect of graphene oxide on the properties of its composite with polyaniline [J]. ACS Applied Materials & Interfaces, 2010, 2 (3): 821-828.

[248] Bai S., Zhao Y., Sun J., et al.. Ultrasensitive room temperature NH_3 sensor based on a graphene-polyaniline hybrid loaded on PET thin film [J]. Chemical Communications (Camb), 2015, 51 (35): 7524-7527.

[249] Kim M., Lee C., Jang J.. Fabrication of highly flexible, scalable, and high-performance supercapacitors using polyaniline/reduced gra-

phene oxide film with enhanced electrical conductivity and crystallinity [J]. Advanced Functional Materials, 2014, 24: 2489-2499.

[250] Wu Z., Chen X., Zhu S., et al.. Enhanced sensitivity of ammonia sensor using graphene/polyaniline nanocomposite [J]. Sensors and Actuators B: Chemical, 2013, 178: 485-493.